Soumahoro Soualiho

Produção alimentar local

Soumahoro Soualiho

Produção alimentar local

e abastecimento do mercado urbano de
Boundiali (Costa do Marfim)

ScienciaScripts

Imprint

Any brand names and product names mentioned in this book are subject to trademark, brand or patent protection and are trademarks or registered trademarks of their respective holders. The use of brand names, product names, common names, trade names, product descriptions etc. even without a particular marking in this work is in no way to be construed to mean that such names may be regarded as unrestricted in respect of trademark and brand protection legislation and could thus be used by anyone.

Cover image: www.ingimage.com

This book is a translation from the original published under ISBN 978-620-6-72417-9.

Publisher:
Sciencia Scripts
is a trademark of
Dodo Books Indian Ocean Ltd. and OmniScriptum S.R.L publishing group

120 High Road, East Finchley, London, N2 9ED, United Kingdom
Str. Armeneasca 28/1, office 1, Chisinau MD-2012, Republic of Moldova, Europe
Printed at: see last page
ISBN: 978-620-8-15831-6

PRODUÇÃO ALIMENTAR LOCAL E ABASTECIMENTO DO MERCADO URBANO DE BOUNDIALI (CÔTE D'IVOIRE)

PRODUÇÃO ALIMENTAR LOCAL E ABASTECIMENTO DO MERCADO URBANO EM BOUNDIALI (COSTA DO MARFIM)

SOUALIHO SOUMAHORO

PELEFORO GON COULIBALY UNIVERSIDADE KORHOGO

SSOUALIHO20@GMAIL.COM

RESUMO

A agricultura perene e a exploração mineira são as principais actividades económicas de Boundiali. A cobertura mediática da bonança do algodão obscurece a política de autossuficiência em culturas alimentares locais. A marginalização da agricultura de produção de alimentos está, portanto, de novo no centro das atenções, criando uma forte procura de alimentos na área de estudo. O objetivo deste estudo é analisar o impacto positivo da produção alimentar local no abastecimento do mercado de Boundiali. A abordagem metodológica baseou-se numa pesquisa documental e num inquérito de campo com recurso a um questionário e a um guião de entrevista. Os resultados mostram que o milho (37,85%), o amendoim (37,38%), o arroz (22,33%) e o inhame (1,87%) são os géneros alimentícios dominantes oferecidos pelos produtores locais no mercado de Boundiali. O frango (36,19%), a cabra (8,25%), o carneiro (23,92%), a carne de vaca (27,20%), a carne de porco (1,27%) e a galinha d'angola (3,17%) são os principais produtos alimentares de origem animal no bloco de estudo. Além disso, o transporte de longa distância abastece o mercado de Boundiali com produtos alimentares. Finalmente, uma contribuição média de 2.869,34 euros por ano beneficia a comunidade local através da cobrança de impostos sobre o mercado urbano. No entanto, a comercialização de produtos alimentares está a provocar uma deterioração do ambiente do mercado de Boundiali.

Palavras chave : Boundiali, abastecimento urbano, culturas alimentares, mercado.

INTRODUÇÃO

A economia da Costa do Marfim baseia-se na agricultura industrial. Desde a colonização, a produção alimentar tem tido pouca importância. De facto, a euforia dos anos de prosperidade económica do país mascarou o problema da autossuficiência. Décadas mais tarde, o movimento de urbanização, com os problemas que lhe estão associados, está a despertar a consciência colectiva. A Costa do Marfim caracterizou-se por uma urbanização acelerada nos anos pós-independência. Anne Marie COTTEN (1968: 225) estimou que, entre os países francófonos da África Ocidental, a Costa do Marfim é aquele onde o fenómeno urbano se manifesta de forma mais espetacular. Estimado em 6.709.600 habitantes em 1975 (DCGTX, 1975), o número de habitantes tinha aumentado para 15.366.672 em 1998 (DCGTX, 1998). A população do país passará de 22.671.331 em 2014 para 29.389.150 em 2021 (INS-RGPH, 1998, 2014, 2021), o que representa uma taxa de crescimento anual de cerca de 2,9% para o período 2014-2021, com uma população urbana de cerca de 15.152.232, ou seja, 53,9%, contra 12.944.419 em zonas rurais, ou seja, 46,1%. É um dos países mais urbanizados da África Subsariana, com 43% da população total a viver em zonas urbanas (TAPE BIDI et al., 2018: 1). Além disso, o número de habitantes urbanos atingiu a velocidade de cruzeiro em 2013, com 53,26% (KOFFIE-BIKPO e ADAYE, 2014: 141-149). Ao mesmo tempo, o número de cidades da Costa do Marfim passou de 30 para 89 e para 127 atualmente (INS-RGPH, 1988, 1998, 2014), com a cidade de Abidjan a dominar (CIPD +30, 2023: 1). Tal como a metrópole de Abidjan, a cidade de Bagoué de Boundiali tem uma população de 6.5191 habitantes, contra 3.9962 desde 2014, representando uma taxa de crescimento de 24,00% (INS-RGPH, 2014; 2021). Abrange uma área de cerca de 33 km² (Google Earth/imagem de satélite, 2022). Este crescimento do número de habitantes significa que a área está a expandir-se. A consequência é um aumento do número de pessoas a alimentar. Por conseguinte, o forte crescimento demográfico está a suscitar sérias preocupações (Patience

MPANZU BALOMBA, et al., 2011: 1). O crescimento vertiginoso da população está a quadruplicar a necessidade de alimentos (Mendez del Villar P, Bauer JM, 2013, pp 4-9). As relações urbano-rurais são importantes para satisfazer as necessidades da população (HOUNGBO, 2015: 13-14). Além disso, as cidades foram corretamente abastecidas pelo campo (CHALEARD.J.L., 1996: 111-122). A endogeneização da oferta é, portanto, central. No entanto, a capacidade do campo africano de alimentar as cidades é objeto de grande controvérsia desde os anos 70 (MPANZU BALOMBA et al., 2011, op. cit.). Em todo o caso, o desenvolvimento da agricultura é necessário para controlar o crescimento urbano na Costa do Marfim (Jacqueline PELTRE-WURTZ e Benjamin STECK, 1991: 8). A agricultura fornece alimentos às populações rurais e urbanas (DUFUMIER. M, 1999: 547-560). Para atingir este objetivo social, as autoridades da Costa do Marfim criaram sociedades de desenvolvimento (SODE): CIDT para o algodão, SODESUCRE para o açúcar, SODEPRA para a pecuária, SODERIZ para o arroz e SODEFEL para os legumes, entre 1960 e 1980. A vontade de alcançar a autossuficiência alimentar era evidente, uma vez que estas empresas públicas estavam dotadas de recursos financeiros substanciais e de estruturas de controlo dos agricultores (KONAN et al., 2016: 6). Estavam firmemente implantadas na zona de Boundiali. Por outras palavras, as savanas do norte são ideais para as culturas alimentares (YABILE, 1986: 40). Paralelamente a estes instrumentos nacionais, o Fundo Internacional de Desenvolvimento Agrícola (FIDA) financia, desde 2017, projectos de cereais e de hortas comerciais. Anteriormente, estes eram o projeto de apoio à promoção e comercialização agrícola (PROPACOM) e agora o programa de apoio ao desenvolvimento da cadeia de produtos agrícolas (PADFA). A ambição das autoridades com estes projectos é certamente melhorar a transformação e a comercialização do arroz, mas também trabalhar para uma floração agrícola, garantindo a autossuficiência. No entanto, o ambiente na região de Boundiali foi marcado por uma psicose devido a rumores de ataques terroristas nas aldeias. Em segundo plano, a crise do algodão dos anos 80, com a consequente diminuição do poder de compra das famílias, privou o Estado das divisas necessárias para subsidiar as importações de géneros alimentícios. Por último, a pandemia do coronavírus (covid-19) abrandou gravemente o fluxo de mercadorias. Este quadro desolador está a provocar a escassez de produtos essenciais, sobretudo nos mercados urbanos. O objetivo deste estudo é analisar o impacto da produção alimentar local no abastecimento do mercado de Boundiali.

MATERIAIS E MÉTODOS

I-Apresentação da área de estudo e do equipamento

Boundiali é a capital da região de Bagoué. Localizada a 100 km de Korhogo, no noroeste, situa-se entre os paralelos 9°29 e 9°32 de latitude norte e 6°27 e 6°29 de longitude oeste (Figura 1). Caracteriza-se pela ausência de grandes sistemas fluviais e por um clima seco com uma pluviosidade anual que varia entre 64 e 86 dias (UN-Habitat, 2012: 7).

Figura 1: Localização da área de estudo

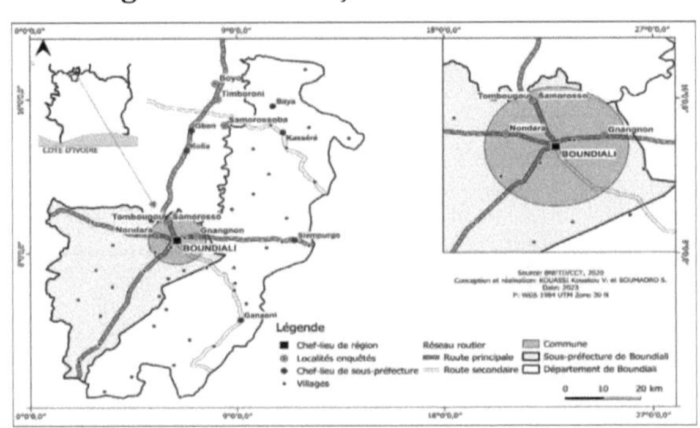

Fonte: Trabalho de campo, 2022-2023

II-Abordagem metodológica

Para atingir os nossos objectivos, foi adoptada uma abordagem científica rigorosa. A pesquisa documental foi efectuada em bibliotecas e centros de documentação. A biblioteca da Universidade Peleforo Gon Coulibaly de Korhogo (UPGC), a biblioteca municipal de Korhogo, a Direção Regional da Agricultura, do Desenvolvimento Rural e da Produção Alimentar de Boundiali, o gabinete regional da ANADER de Korhogo e a delegação da ANADER de

Boundiali, o Centro Nacional de Investigação Agronómica (CNRA) de Korhogo e o Office pour la Commercialisation des Produits Vivriers (OCPV) de Abidjan. O Bureau National d'Etude Technique et de Développement (BNETD) e o Institut National de la Statistique (INS) em Korhogo foram visitados para consultar documentos cartográficos. Foram também utilizados motores de busca na Internet, como o Google scholar, para recolher dados secundários. No que diz respeito à recolha de dados primários, o inquérito no terreno foi realizado de novembro de 2021 a fevereiro de 2022. Para tornar a pesquisa mais eficaz, foi utilizado um questionário para cobrir todo o bloco de estudo e para questionar os produtores de alimentos. Também foram realizadas entrevistas com os responsáveis pelos serviços técnicos da Câmara Municipal de Boundiali sobre o número de mercados, a regularidade dos produtos alimentares locais e a cobrança de impostos municipais. Os indivíduos e as localidades rurais a serem inquiridos foram selecionados da seguinte forma: as localidades de estudo foram escolhidas num raio de 10 km do centro da cidade. Todas as quatro (04) localidades foram inquiridas. Quanto à seleção das famílias rurais a entrevistar, utilizámos a técnica da escolha fundamentada, impondo critérios relativos à qualidade do produtor (produtor de culturas alimentares), ao estatuto de agricultor (pelo menos um ano), à idade (pelo menos 25 anos), à nacionalidade e à especificidade das culturas alimentares (milho, arroz, amendoim, painço, sorgo, feijão, inhame). A amostra representativa foi retirada, por amostragem, de uma população agrícola sub-prefeitural de 1550 pessoas, das quais foram deduzidos 55 chefes de família das aldeias selecionadas. A dimensão da amostra foi determinada pelo método probabilístico de D. Schwartz (1995: 209), com base nos pressupostos utilizados para identificar as aldeias e os indivíduos-alvo:

$X = [(za^2) \times p(1-p)]/d2$; sendo **X** a dimensão da amostra, **za** o nível de confiança a 95% (valor padrão de 1,96), **d** a margem de erro a 5% (valor padrão de 0,05), **q=1-p**, **p = n/N** sendo **p** a proporção de famílias rurais que se ocupam de culturas alimentares nas famílias rurais de cada aldeia da comuna a inquirir

(n) em relação ao número total de famílias rurais da comuna (N) em que esta se situa. Procedendo desta forma para cada aldeia e dividindo o resultado por 10%, obtemos a seguinte aplicação numérica para a aldeia de Gnagnon: $X = [(1,96)^2 \times 0,018 \ (1-0,018)] \ / \ (0,1)^2$ que é igual a quantos seis (6) chefes de família agrícola. Os resultados são apresentados no Quadro 1.

Quadro 1: Número de chefes de famílias agrícolas inquiridos na área de estudo

Comunas	Locais selecionados	Número total de chefes de agregados familiares de culturas alimentares por género, por localidade retenção	Número total de chefes de famílias de agricultores de culturas alimentares inquiridos por localidade
Boundiali	Gnagnon	02/26	00/06
	Nondara	07/138	02/31
	Samorosso	02/21	00/05
	Tombougou	03/48	00/11
Total	04	14/233	02/53

Azul=Feminino; Laranja=Masculino

Fonte: Instituto Nacional de Estatística (INS-RGPH, 2014)

O quadro 1 mostra que o inquérito de campo abrangeu 55 chefes de agregados familiares agrícolas de um total de 247. Assim, foram entrevistados 2 chefes de família do sexo feminino e 53 chefes de família do sexo masculino, num total de 14 chefes de família do sexo feminino e 233 chefes de família do sexo masculino. Os estudos no mercado de Boundiali centraram-se nos dados relativos aos actores que desenvolvem actividades neste mercado. Para levar a cabo este trabalho, foi realizado um inquérito no terreno durante os primeiros vinte dias de junho de 2022. Para um maior rigor, foi utilizado um questionário como roteiro para visitar todo o quadro de investigação através da administração de perguntas aos comerciantes. Dada a impossibilidade de realizar um inquérito exaustivo, tendo em conta os nossos recursos, foi elaborada uma amostra com base nos postulados de identificação dos mercados e das pessoas-alvo. O quadro de investigação abrange um mercado, neste caso um único mercado: o mercado de Boundiali, que conta com 952 comerciantes num total regional estimado de 3848 (INS- RGPH; Mairie de Boundiali, 2014). A fórmula desenvolvida por DAKOURO Guissa Desmos Francis e KOULAÏ Armand (2015, p 68) foi utilizada como princípio básico para a constituição da amostra, nomeadamente :

Mi= a (Ci/Ct) x100 em que **Mi=Número de** comerciantes a inquirir por mercado; **Ci=Número de** comerciantes presentes no mercado; **Ct=Número** total **de** comerciantes nos mercados da região, **a=Constante** para aumentar. Exemplo 1: Número de comerciantes a inquirir nos mercados de Boundiali. Ci=950 comerciantes, Ct=3848, a=0,5, Mi=0,5(950/3848) x 100=12, 34 aproximadamente 12 pessoas.

Foram entrevistados 12 comerciantes no mercado de Boundiali, de um total de 950. Foi dada especial atenção ao sector das culturas alimentares. Foram utilizados vários critérios para selecionar os comerciantes de alimentos na área de investigação. Estes incluíram o género, a nacionalidade, o nível de educação e o número de anos passados nos mercados. Assim, pelo menos um ano de existência foi mantido. O processamento estatístico dos dados foi possível graças a ferramentas informáticas. O Word versão 2010 foi utilizado para redigir o documento, enquanto o Sphinx versão 4.5 foi utilizado para criar o questionário. O Microsoft Excel versão 2013 foi depois utilizado para representar as tabelas e os diagramas. O QGIS versão 3.12 foi usado para desenhar e produzir os mapas, sem pôr em causa o importante papel desempenhado pelo Sistema de Posicionamento Global (GPS) na georreferenciação da posição das praças de mercado usadas para vender produtos alimentares, e a localização exacta das lixeiras na área de comércio do mercado. Por último, o teste do qui-quadrado, ou teste de independência entre duas caraterísticas: uma variável qualitativa dependente e uma variável qualitativa independente, deu um contributo essencial. O cálculo deste índice baseia-se em duas hipóteses:

> **HO: a chamada hipótese nula**, que pressupõe que as caraterísticas são independentes.

Em termos práticos, isto significa que não existe qualquer ligação entre as duas variáveis;

> **H1: a chamada hipótese alternativa**, que contradiz a hipótese anterior, uma vez que se assume que existe uma ligação entre as duas variáveis. É calculada por :

$X^2 =$ **(Mão de obra observada-Mão de obra teórica)^2 /Mão de obra teórica**

Com X^2 , o valor do qui-quadrado. Se :

-Qui-quadrado calculado $<$ qui-quadrado teórico, então as duas variáveis são independentes;

-Qui-quadrado calculado $>$ Qui-quadrado teórico, então existe uma relação entre as duas variáveis. Além disso, o teste de Cramer é utilizado para medir a força da relação entre as duas variáveis. Este índice é calculado por :

V= Raiz quadrada (X2/n*[min (l, c) -1])

Com n: dimensão da amostra; min l: mínimo de linha ou coluna (c) no quadro; mínimo de coluna no quadro. O coeficiente de contingência de Cramer varia entre 0 e 1. Se :

-V=0, as duas variáveis são independentes;

-V é próximo de 0, pelo que a ligação entre as duas variáveis é muito fraca;

-V é próximo de 0,25, pelo que a ligação é fraca;

-V é próximo de 0,5, pelo que a ligação entre as duas variáveis é moderadamente forte;

- V é próximo de 0,75, pelo que a ligação entre as duas variáveis é forte;

-V é próximo de 1, a ligação entre as duas variáveis é muito forte.

RESULTADOS

I- Perfil do produtor

I-1-Baixa presença de mulheres na agricultura de subsistência

A agricultura de culturas alimentares no bloco de estudo é efectuada tanto por homens como por mulheres. No entanto, as mulheres ocupam um lugar menos honroso na produção de alimentos. Elas são obrigadas a desempenhar outras tarefas. Este argumento é justificado pela análise da Figura 2, que lança luz sobre a subordinação do trabalho agrícola feminino ao dos homens. A figura 2 mostra que, em geral, os homens dominam a atividade agrícola em Gnagnon, Samorosso, Tombougou e Nondara. Só Nondara tem 2 mulheres chefes de família agrícola em 31, ou seja 6,45%, contra 3,63% para o conjunto dos chefes de família inquiridos nas 4 localidades. No total, 53 dos 55 chefes de família são homens, ou seja, 96,36% dos chefes de família agrícola inquiridos. A dominação dos homens em detrimento das mulheres na atividade agrícola nas zonas rurais da zona de estudo pode ser justificada pelo facto de o papel das mulheres estar confinado ao lar, onde preparam refeições saborosas para os seus maridos. A foto 1 mostra agricultores a limparem a terra para culturas alimentares em Tombougou, a 3 km de Boundiali. Este estudo sobre o género na agricultura de culturas alimentares realizado pela equipa de investigação pode ser um alerta para os detentores do poder, que devem redobrar os seus esforços e a sua vigilância para garantir que a política de paridade entre filhos masculinos e femininos seja respeitada e aplicada.

Figura 2: Proporção de chefes de família inquiridos por género

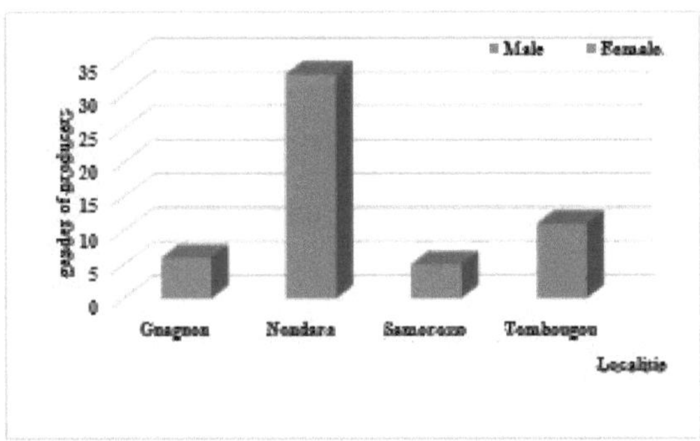

Fonte: Trabalho de campo, 2022-2023

Foto 1: Produtores preparando um espaço para o cultivo de alimentos em Samorosso

Fonte: Foto de SOUMAHORO, 2022

O nível de educação dos produtores de culturas alimentares na área de estudo pode também explicar parcialmente a natureza dos métodos e técnicas de cultivo utilizados.

1-2-Baixo nível de educação dos produtores rurais

Os agricultores produtores de culturas alimentares têm um baixo nível de escolaridade. Este varia entre a ausência de escolaridade, o ensino primário e o ensino secundário. A Figura 3 mostra o nível educacional dos agricultores de acordo com a instituição de ensino frequentada. A Figura 3 mostra que 65,45% dos chefes de família agrícola são analfabetos, seguidos pelo ensino primário (20%) e pelo ensino secundário (14,55%). Gnagnon tem a taxa de analfabetismo mais baixa, estimada em 5,45%, e Nondara a mais alta (34,55%). Nondara tem também a taxa mais elevada de chefes de família nos níveis primário (90,91%) e secundário (36,36%). A elevada proporção de chefes de família agrícola sem escolaridade entre os chefes de família inquiridos deve-se à manutenção de certos constrangimentos tradicionais que são uma marca da identidade cultural do povo. senoufo. Assim, a educação escolar não constitui uma prioridade para estas pessoas. Parece que o baixo nível de qualidade da produção alimentar no quarteirão de estudo.

Figura 3: Chefes de família com instrução, por nível de instrução

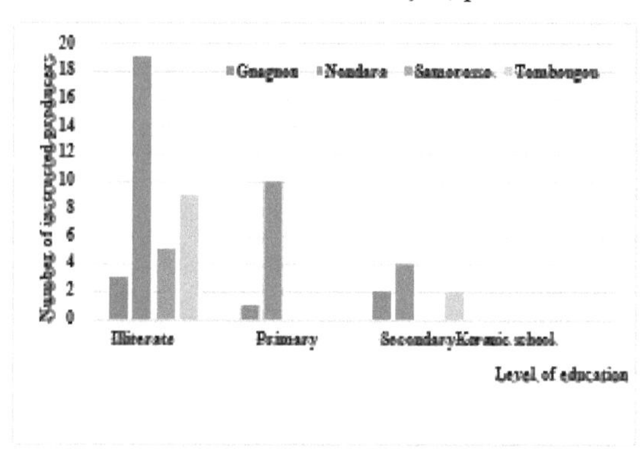

Fonte: Trabalho de campo, 2022-2023

I-3-1-Produção alimentar independente do nível de educação dos produtores

A produção alimentar é efectuada por agricultores que, na sua maioria, não sabem ler, escrever ou fazer contas. O quadro 2 mostra a relação entre a atividade agrícola e o nível de instrução.

Quadro 2: Correlação entre idade e produção alimentar

QUADRO DE PESSOAL OBSERVADO				
Produtos	Arroz	Mas	Amendoim	Inhame	TOTAL
Não inscrito	69	88	65	25	247
Educado	22	29	25	10	86
TOTAL	91	117	90	35	333
QUADRO TEÓRICO DE PESSOAL					
Produtos	Arroz	Mas	Amendoim	Inhame	TOTAL
Não inscrito	67,50	86,78	66,76	25,96	247
Educado	23,50	30,22	23,24	9,04	86
TOTAL	91	117	90	35	333
TABELA DE QUI-QUADRADO CALCULADA					
Produtos	Arroz	Mas	Amendoim	Inhame	TOTAL
Não inscrito	0,03	0,02	0,05	0,04	0,13
Educado	0,10	0,05	0,13	0,10	0,38
TOTAL	0,13	0,07	0,18	0,14	0,51
Grau de liberdade	(L-1) *(c-1)				
Grau de liberdade	3				
Limiar de significância	5%				
Qui-quadrados teóricos				7,82	

Fonte: Trabalho de campo, 2022-2023

Observando a tabela 2, o Qui-quadrado calculado é inferior ao Qui-quadrado teórico, ou seja, 0,51<7,82. A análise desta variável mostra que não existe uma relação entre o nível de educação e a prática da produção alimentar de subsistência. Para além destes factores, existem outros factores que podem apoiar a produção de alimentos no ambiente de investigação.

I-3-Main d'œuvres adultes pour la pratique d'une agriculture vivrière

A agricultura é a principal atividade na área de estudo. Emprega mais de 90% da população ativa. A mão de obra agrícola da zona de investigação é constituída pela população mais idosa: os adultos, tal como definidos no quadro 3.

Quadro 3: Idade média dos produtores por zona de produção

Localização	Idades médias	Proporção de idades médias (%)
Gnagnon	44	22,79
Nondara	42	21,76
Samorosso	58	30,05
Tombougou	49	25,39
TOTAL	193	100

Fonte: inquérito de campo de 2022-2023

Olhando para o Quadro 3, as localidades rurais na área de investigação têm uma idade média de cerca de 48,25 anos. Claramente, Gnagnon tem 6 chefes de família com uma idade média de 44 anos, ou seja, 22,79% dos chefes de família nas 4 localidades inquiridas; Nondara 42 anos, ou seja, 21,76%; Samorosso 58 anos, ou seja, 30,05%; Tombougou 49 anos, ou seja, 25,39%. A figura 4 mostra a proporção de chefes de famílias produtoras de culturas alimentares na área de investigação por grupo etário.

Figura 4: Proporção das categorias de idade dos agricultores produtores de géneros alimentícios

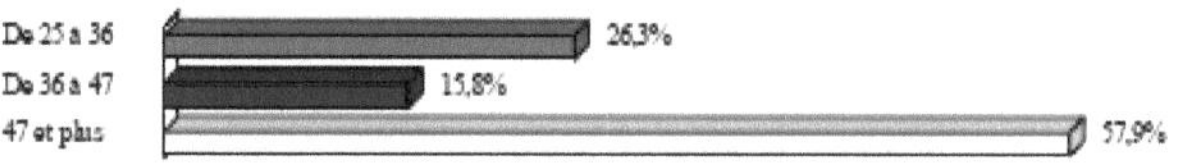

Fonte: Trabalho de campo, 2022-2023

A análise da figura 4 mostra que os chefes de família estão agrupados em três (3) categorias de idade: [25 a 36 anos], [36 a 47 anos] e [47 anos e mais]. 26,3% dos chefes de família agrícola nas 4 zonas rurais inquiridas têm idades compreendidas entre os 25 e os 36 anos. 15,8% dos chefes de família têm entre 36 e 47 anos. Por fim, 57,9% têm 47 anos ou mais. Estes gráficos mostram que os chefes de família agrícola que produzem produtos alimentares com 47 anos ou mais são mais numerosos do que os que têm entre 25 e 36 anos (26,3%) e entre

15

36 e 47 anos (15,8%). A idade influencia a prática da produção alimentar?

I-3-1-Produção alimentar independente da idade dos produtores

Homens e mulheres são a principal força de trabalho disponível para a produção de alimentos. O quadro 4 analisa a relação entre a produção de culturas alimentares e a idade dos produtores no bloco de investigação.

Quadro 4: Correlação entre a idade do produtor e a produção de alimentos

QUADRO DE PESSOAL OBSERVADO					
Produtos	Arroz	Mas	Amendoim	Inhame	TOTAL
Adultos	65	80	63	22	230
Pessoas idosas	26	37	27	13	103
TOTAL	91	117	90	35	333
QUADRO TEÓRICO DE PESSOAL					
Produtos	Arroz	Mas	Amendoim	Inhame	TOTAL
Adultos	62,85	80,81	62,16	24,17	230
Pessoas idosas	28,15	36,19	27,84	10,83	103
TOTAL	91	117	90	35	333
TABELA DE QUI-QUADRADO CALCULADA					
Produtos	Arroz	Mas	Amendoim	Inhame	TOTAL
Adultos	0,07	0,01	0,01	0,20	0,29
Pessoas idosas	0,16	0,02	0,03	0,44	0,64
TOTAL	0,24	0,03	0,04	0,63	0,93
Grau de liberdade	(l-1)*(c-1)				
Grau de liberdade	3				
Limiar de significância	5%				
Qui-quadrado teórico	7,82				

Fonte: Trabalho de campo, 2022-2023

O diagnóstico no Quadro 4 indica que o Qui-quadrado calculado é menor do que o Qui-quadrado teórico. Numericamente, 0,93<7,82, pelo que a idade dos produtores não tem influência na produção alimentar. Esta população de produtores de alimentos no âmbito da investigação é maioritariamente constituída por indígenas Senufo.

I-4-Cultura de produtos alimentares praticada principalmente por populações indígenas

Os Senoufo, originários da região, são os proprietários de terras na zona de investigação, embora partilhem as suas terras com outros povos. O inquérito de campo revelou que eles são os principais trabalhadores das culturas alimentares. A figura 5 mostra a qualidade da mão de obra utilizada para este tipo de agricultura.

Figura 5: Nacionalidade dos produtores de culturas alimentares

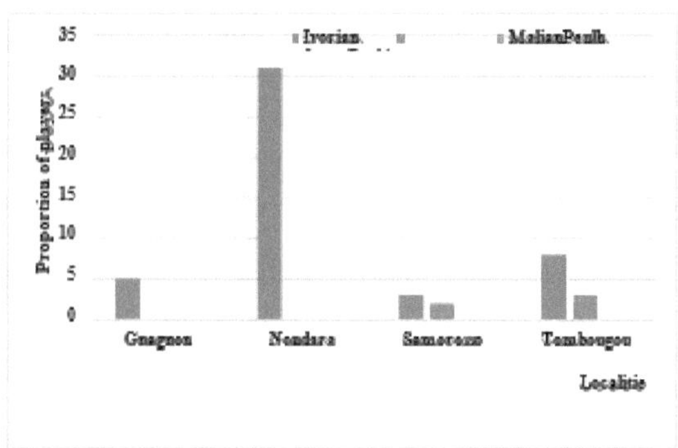

Fonte: inquérito de campo de 2022-2023

A figura 5 mostra a preponderância de trabalhadores de origem marfinense, e de Senoufo em particular, nas 4 localidades inquiridas. No entanto, o inquérito mostrou também que as localidades de Samorosso e Tombougou têm uma mão de obra de origem maliana. A percentagem de trabalhadores exógenos é a seguinte 3,85% em Samorosso e 5,77% em Tombougou. Note-se que Nondara e Gnagnon têm cada uma 100% de chefes de família de origem marfinense. Estas análises mostram que as 4 localidades do bloco de estudo não são os destinos preferidos dos migrantes que desejam trabalhar na agricultura. Além disso, uma grande parte da população estrangeira que aí se instala dedica-se à criação de gado e ao comércio. A figura 5 mostra que 90,38% da população das 4 localidades rurais da zona de investigação é indígena, contra 9,62% de malianos. Os agricultores Senoufo são também muito adeptos do casamento tradicional.

I-5 Agregados familiares de produtores de géneros alimentícios

I-5-1-Casal: agricultores-casamentos tradicionais

Os agricultores produtores de alimentos são muito sensíveis aos casamentos consuetudinários. A Figura 6 mostra que apenas Nondara tem chefes de família solteiros. Assim, 12,90% dos chefes de família em Nondara não têm esposa, em comparação com 87,10% dos chefes de família que têm pelo menos uma esposa. Nas 4 localidades da área de investigação, 81,82% dos chefes de família são casados segundo o direito consuetudinário, enquanto 18,18% são solteiros. Os chefes de família casados são monogâmicos ou poligâmicos. O inquérito revelou que mais de 50% dos chefes de família casados segundo o direito consuetudinário têm a custódia de pelo menos duas (2) esposas, enquanto menos de 50% têm um único cônjuge. A predominância de casamentos poligâmicos consuetudinários em detrimento de casamentos monogâmicos pode ser justificada pelo trabalho nos campos, como disse um inquirido: 'O trabalho nos campos requer muita gente, daí a necessidade de casarmos com várias esposas'. A figura 6 mostra a proporção de chefes de família casados e solteiros. Os filhos destes agricultores frequentam a escola, enquanto o rendimento gerado pela sua atividade é insignificante.

Figura 6: Estado civil dos chefes de família agrícola nas localidades

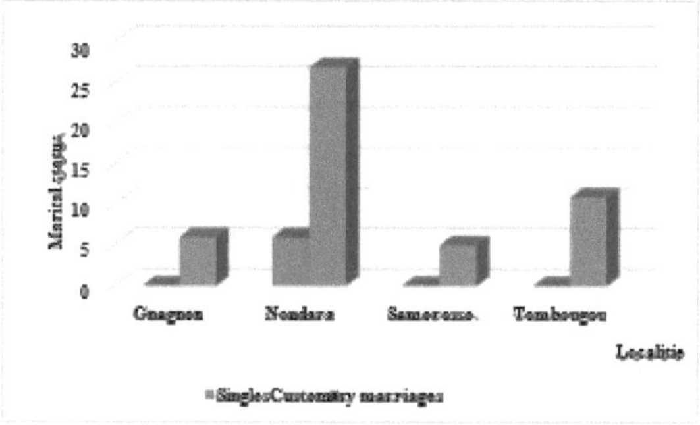

Fonte: Trabalho de campo, 2022-2023

I-5-2- Baixa taxa de escolarização dos filhos de produtores de culturas alimentares.

Os agricultores mandam os seus filhos à escola. No quadro 5, a taxa de escolarização dos filhos dos agricultores da zona de estudo varia entre 33,33% em Gnagnon e 51,85% em Tombougou, de acordo com os dados do quadro 26. Samorosso e Tombougou têm taxas superiores a 50%, e mesmo superiores à da área de estudo, estimada em 43,50%. Em contrapartida, Gnagnon e Nondara têm taxas inferiores ao índice da área de investigação (43,60%). Os chefes de família agrícola das 4 localidades inquiridas matricularam um total de 143 crianças de um total de 328. Por outro lado, no conjunto da zona de estudo, Gnagnon, Samorosso e Tombougou registam taxas médias de escolarização de 4,88%, 6,71% e 12,80% respetivamente. Em Nondara, a taxa de escolarização para as 4 localidades inquiridas foi de 19,21%.

Quadro 5: Número de filhos de produtores de alimentos que frequentam a

escola

Localidades	Número de crianças responsável	Número de crianças na escola	Percentagem de crianças inscritos (%)
Gnagnon	48	16	33,33
Nondara	156	63	40,38
Samorosso	43	22	51,16
Tombougou	81	42	51,85
TOTAL	328	143	43,60

Fonte: inquérito de campo de 2022-2023

A Figura 7 mostra as diferentes proporções de crianças que frequentam a escola entre os agricultores-produtores de culturas alimentares, de acordo com as localidades estudadas.

Figura 7: Número de filhos de produtores de alimentos que frequentam a escola

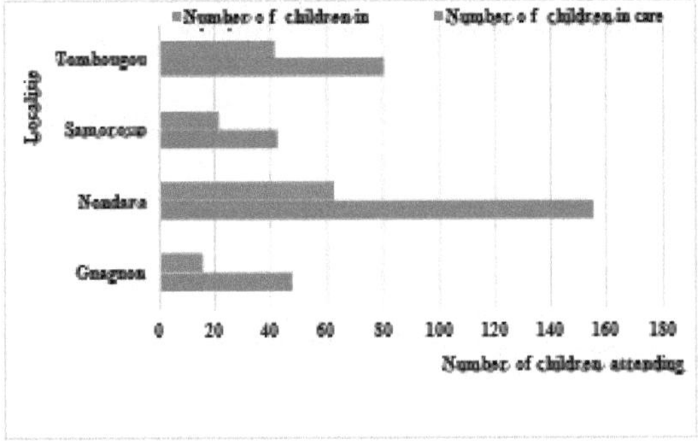

Fonte: Trabalho de campo, 2022-2023

Uma análise da Figura 7 mostra que os produtores de alimentos enviam poucos dos seus filhos à escola. Esta constatação pode confirmar o fracasso das políticas nacionais sobre a escolaridade obrigatória para todas as crianças em idade escolar, apoiadas pela escolaridade gratuita na área de estudo. Além disso, a utilização de crianças como trabalhadores (foto 2) para a produção de alimentos pode justificar esta baixa escolaridade.

Fonte: Foto de SOUMAHORO, 2022

Os perfis sociodemográficos dos produtores de géneros alimentícios variam. Estes perfis permitem uma melhor compreensão da produção alimentar em termos de externalidades.

II- Caraterísticas da produção alimentar local em Boundiali
II-1-Condições relativas às terras do produtor de géneros alimentícios

II-1-1-Modo de aquisição de terras dominado pela herança de terras

O arrendamento e a meação são formas muito limitadas de acesso à terra. Em Nondara, 54,55% são herdeiros de terra e 47,27% dos chefes de família têm acesso à terra através de doações. Além disso, 1,82% dos produtores arrendam terras e 3,64% partilham a produção como forma de acesso à terra agrícola. Em Samorosso, a proporção de terra doada e partilhada é muito baixa, com 7,27% usando o método de herança. Contudo, os produtores de alimentos em Gnagnon e Tombougou são exclusivamente herdeiros de terras (Figura 8). No total, 92,73% dos agricultores herdaram a terra. Por outro lado, os agricultores que arrendam terras nas quatro localidades pagam um montante entre 9,15 e 22,87 euros aos proprietários, proporcionalmente à superfície cultivada durante o ano. Este aluguer anual de terras agrícolas deve-se ao clima árido do bloco de estudo, que impõe uma única época de produção para as culturas alimentares. No entanto, para antecipar e prevenir eventuais conflitos sobre as terras, os rendeiros de terras agrícolas estão proibidos de plantar culturas perenes.

Figura 8: Número de famílias rurais por tipo de acesso à terra

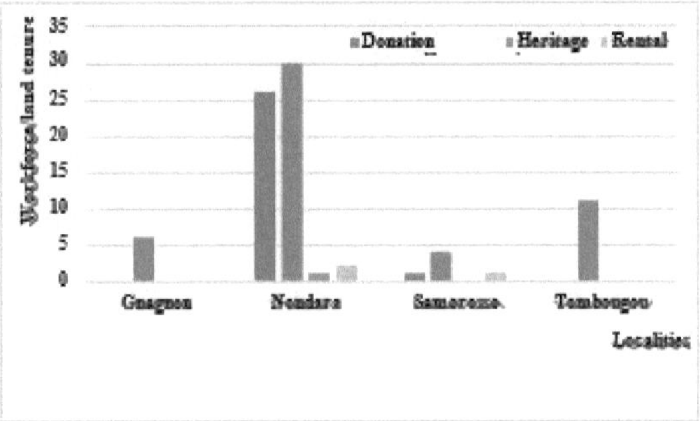

Fonte: inquérito de campo 2021-2022

Para além do acesso à terra, a produção alimentar na zona de investigação depende da utilização de factores de produção agrícola.

II-1-2-Produção alimentar dependente de factores de produção agrícola

A produção de alimentos requer uma quantidade considerável de fertilizantes, dado o estado pobre em nutrientes do solo. O quadro 6 mostra os diferentes tipos de insumos utilizados no bloco de estudo.

Quadro 6: Conta de exploração de um hectare de milho ou arroz fertilizado na zona de estudo

Designação	Despesas		
	Quantidade	Preço unitário (€)	Montante (€)
Fertilizante NPK (kg)	200	0,76	152,46
Fertilizante de ureia (kg)	50	0,91	45,74
Gramossone (litro)	1	7,62	7,62
TOTAL			205,82

Fonte: inquérito de campo 2021-2022

O quadro 6 mostra que são utilizados três tipos de produtos químicos agrícolas na produção de milho e arroz: NPK (azoto, fosfato e potássio), ureia e gramossona. A fertilização de um hectare de milho ou de arroz implica uma despesa total de 205,82 euros, tendo em conta os valores do quadro 2. Um quilograma de NPK custa 0,76 euros, ou seja, 38,16 euros por saco de 50 kg, com 4 sacos de NPK para um hectare. O custo dos 4 sacos de NPK é de 152,46 euros, ou seja, 74,07% das despesas totais. O azoto-fosfato-potássio é uma substância química de que as plantas necessitam para crescer. A maior parte das necessidades de NPK do solo é satisfeita por factores orgânicos e pelo solo, segundo os especialistas entrevistados da Anader e da Ivoire Cotons. A ureia, por outro lado, assegura o crescimento vegetativo da planta através do desenvolvimento do caule e das folhas. Acelera o ritmo de crescimento da planta. O custo da ureia para manter um hectare de milho ou de arroz é de um saco de 50 kg, o que representa 22,22% das despesas totais, ou seja 45,74 euros. Por fim, o Gramossone é um herbicida utilizado para preparar a área a semear. Os técnicos agrícolas entrevistados afirmam que, para um hectare de milho ou de arroz a cultivar, é necessário um litro de Gramossone, que custa 7,62 euros, ou seja, 3,71% das despesas financeiras efectuadas. 51 inquiridos, ou seja 92,73%, utilizam fertilizantes, contra 7,27%, ou seja 4 chefes de família agrícola. As fotografias 3 e 4 mostram duas lojas de fertilizantes agrícolas em Nondara.

Foto 3: Ureia numa loja em Nondara

Foto 4: NPK numa loja em Nondara

Fonte: Foto de SOUMAHORO, 2022

Embora os fertilizantes impulsionem a produção alimentar na área de estudo, a mão de obra é a força vital do sector.

II-1-3-Mão de obra agrícola proveniente principalmente do exterior da unidade familiar

Os resultados da nossa investigação mostram que 87,60% dos inquiridos recorrem a mão de obra externa, enquanto 11,40% recorrem a membros da família. A utilização de mão de obra externa está associada a despesas diárias de 2,29 euros por pessoa. Além disso, 45,1% dos agricultores inquiridos utilizam bois, contra 10,8% que utilizam tractores. motores. A análise do quadro 7, que apresenta os custos de mão de obra para o desenvolvimento de um hectare de milho ou de arroz, mostra que o aluguer de dois bois custa 30,49 euros/hectare, enquanto a utilização de uma máquina motorizada custa 5,34 euros/hectare. Existem também cada vez mais grupos de autoajuda agrícola, que constituem uma forma de assistência entre produtores de alimentos por 15,25 euros/dia. É evidente que, em termos de custos, os grupos de autoajuda são mais vantajosos para os agricultores do que o trabalho isolado. Por outro lado, o domínio das técnicas e dos métodos de cultivo permitiria uma produção alimentar decente.

Quadro 7: Conta de exploração de um hectare de milho ou de arroz

Designação	Despesas		
	Quantidade	Preço unitário (€)	Montante (€)
Alugar uma parelha de bois	1	30,49	30,49
Aluguer de material motorizado	1	53,36	53,36
Custo diário da mão de obra	1	2,29	2,29
Custo diário do grupo de autoajuda	10	15,25	15,25
TOTAL			101,39

Fonte: inquérito de campo 2021-2022

II-1-4-Técnicas de cultivo dominadas pela agricultura manual

As práticas de cultivo no bloco de investigação podem ser divididas em três técnicas: agricultura com arneses, agricultura manual e agricultura motorizada (Figura 9).

Figura 9: Percentagem de técnicas de cultivo utilizadas pelos produtores rurais

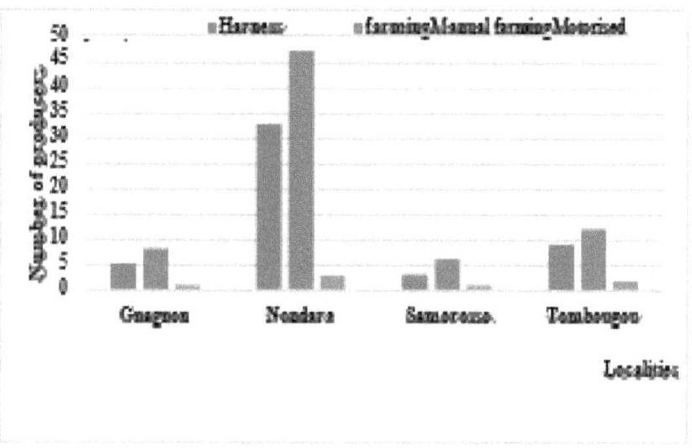

Fonte: Trabalho de campo, 2022-2023

A análise da figura 9 mostra que a agricultura de arado e a agricultura manual são as mais populares. Assim, 38,46% dos agricultores inquiridos utilizam a agricultura com arado, contra 56,15% que utilizam a agricultura manual. A agricultura motorizada é utilizada por 5,39% dos agricultores. O gráfico mostra que a maior parte da produção de culturas alimentares na nossa região utiliza ferramentas tradicionais. Por outras palavras, a produção de culturas alimentares depende de técnicas de cultivo rudimentares. O carácter arcaico dos meios de produção pode ter um impacto negativo na produtividade. As fotografias 5 e 6 mostram a utilização de culturas de tração animal em Samorosso e de agricultura manual em Nondara. No entanto, os campos de milho e de arroz são mais intensivos em termos orçamentais do que os outros. Todos estes factores de produção requerem um orçamento para uma implementação adequada.

Fonte: Foto de SOUMAHORO, 2022

II-1-5-Baixos custos de produção do amendoim

O milho (Zea mays) e o amendoim (Arachis hypogaea) são as principais culturas alimentares cultivadas na área de investigação. O investimento financeiro efectuado pelo agricultor para manter estas duas culturas não é negligenciável. A análise do quadro 8 revela um custo de produção elevado para o milho, em detrimento do amendoim. O custo de investimento para produzir um hectare de milho é de 307,21 euros, contra 28,97 euros para o amendoim, o que representa uma diferença de 278,24 euros. O amendoim não necessita de fertilizantes químicos para o seu crescimento. A planta tem a capacidade de produzir os seus próprios nutrientes, nomeadamente o azoto. Por conseguinte, os agricultores combinam as duas culturas na mesma superfície. Esta vantagem do amendoim incentiva 85,45% dos agricultores a cultivá-lo. O financiamento da produção alimentar no âmbito da investigação provém de várias fontes.

Quadro 8: Conta de exploração de um hectare de milho e amendoim para um agricultor

Culturas	Tipo de mão de obra	Custos de mão de obra (€)	Natureza dos factores de produção agrícola	Custos dos factores de produção agrícola (€)	Aluguer de terrenos (€)	TOTAL (€)
Milho	1 par de bois	30,49	Fertilizante NPK (kg)	152,46		
	3 Manobras	6,86	Adubo de ureia (kg)	45,74		
		30,49	Gramossone (litro)	7,62		
	2 voltas em grupo autoajuda		4 caixas herbicidas	24,39		
TOTAL (€)		67,85		230,22	9,15	307,21
Amendoim	1 ronda de grupos autoajuda	15,25				
	2 Manobras	4,57				
TOTAL (€)		19,82			9,15	28,97

Fonte: Trabalho de campo, 2022-2023

II-1-6 Fonte de fundos para a produção de culturas alimentares dominada pelo autofinanciamento em Boundiali

A produção de alimentos em Boundiali é financiada principalmente pela bolsa do produtor. A análise da Tabela 9 mostra que 94,54% dos inquiridos auto-financiam a sua produção alimentar. Por outro lado, 5,45% dos agregados familiares inquiridos recorrem a empréstimos de instituições de microfinanças: a COOPEC de Boundiali. O montante dos empréstimos varia entre 152,46 euros e 457,39 euros. Note-se que os recursos financeiros gerados pela venda de algodão, castanha de caju e manga são utilizados para financiar culturas alimentares.

Quadro 9: Financiamento da produção alimentar em pequena escala nas localidades

Localidades	Autofinanciamento	Empréstimo	Crédito	TOTAL
Gnagnon	6	0	0	6
Nondara	33	0	0	33
Samorosso	5	0	0	5
Tombougou	8	3	0	11
TOTAL	52	3	0	55

Fonte: inquérito de campo de 2022-2023

II-1-7-Agricultores que produzem culturas alimentares em Boundiali abandonados à sua sorte

O nível de supervisão das famílias rurais em Boundiali é muito baixo, de acordo com o Quadro 10. De facto, 39 chefes de família agrícola são deixados à sua própria sorte, ou seja 70,91%, em comparação com 16 produtores inquiridos que recebem aconselhamento e supervisão da ANADER, ou seja 29,09%. A análise do quadro 10 mostra que Nondara apresenta o maior número de chefes de família agrícola que não são acompanhados pela ANADER (31, ou seja 93,94%), contra 79,49% dos agricultores inquiridos nas 4 localidades. Por fim, Gnagnon caracteriza-se por um nível muito baixo de produtores vigiados, com 4 chefes de família, ou seja, 7,27%.

Quadro 10: Nível de apoio ao produtor

Localidades	Agregados familiares supervisionados	Agregados familiares não regulamentados	TOTAL
Gnagnon	2	4	6
Nondara	2	31	33
Samorosso	5	0	5
Tombougou	7	4	11
TOTAL	16	39	55

Fonte: inquérito de campo de 2022-2023

Para além das culturas alimentares, as actividades pastoris desempenham um papel fundamental para os agricultores Senufo nesta região do norte da Costa do Marfim.

II-2-Agropastorícia: uma atividade auxiliar da agricultura de subsistência

A região está tradicionalmente vocacionada para todos os tipos de criação de gado: bovinos, ovinos, caprinos, suínos e aves de capoeira. A pecuária tradicional está muito difundida. Caracteriza-se por um sistema intensivo, cada vez mais sedentário ou semi-transumante. Este tipo de agricultura coloca problemas de coabitação entre os pastores Fulani e os agricultores Senufo ou Malinke.

II-2-1-Condições para o desenvolvimento da pecuária

A vegetação e o clima na área de investigação são adequados para a produção de proteínas animais. A cobertura vegetal é essencialmente de savana. O clima caracteriza-se por uma humidade relativamente baixa. A proximidade da zona de estudo com os países sahelianos da África Ocidental permite-lhe ter uma cultura de criação de gado. Esta vantagem geográfica a favor da atividade pastoril é reforçada pela existência de barragens ou reservatórios de água, como mostra o quadro 11.

Quadro 1: Número de reservatórios de água na zona de Boundiali por objetivo

Zona	Vocações					Total
	AEP	Bengala	Reprodução	Múltiplos	Arroz	
Boundiali	-	-	50	1	1	52

AEP : *Abastecimento de água potável

Fonte: SILUE Pébanagnanan David, 2012

A análise do quadro 11 revela a presença de 52 barragens na região de Boundiali das 72 da região de Bagoué e de 275 reservatórios no distrito de Savanes. A região de Boundiali representa assim 72,22% das barragens regionais e 18,90% do número de reservatórios do distrito. Apenas 12 barragens foram construídas em Boundiali de um total de 52, o que representa uma taxa de execução de

23,07%, segundo os resultados dos inquéritos efectuados junto das autoridades responsáveis pela gestão das barragens. A análise do quadro 31 mostra que 50 das 52 barragens, ou seja, 72,46%, são utilizadas como pastagens em Boundiali. No entanto, uma barragem cobre a nossa área geográfica: Tombougou-Samorosso em Boundiali, ou seja, 1,92% do total das barragens do departamento, como mostra a foto 7.

Foto 7: Barragem de Tombougou-Samorosso, a 3 km de Boundiali

Fonte: Foto de SOUMAHORO, 2023

O potencial de desenvolvimento da pecuária na zona de investigação é inegável. Estas potencialidades levaram à implementação de vários projectos hidráulicos pastoris na zona de Boundiali entre 1976 e 1990, como mostra o Quadro 12.

Quadro 2: Projeto de hidráulica pastoral na zona de Boundiali

Projectos	Período de desempenho	Zona
Operação Zébu	1976-1982	Boundiali
Operação Taurina	1976-1982	Boundiali
Desenvolvimentos pastorais	1982-1990	Boundiali

Fonte: KOUADIO.D. B, 2004

A Tabela 12 mostra que, de 1976 a 1982, foram realizadas em Boundiali operações com zebu e touro, bem como desenvolvimentos pastoris. Esta situação sugere que o ambiente de Boundiali é propício ao desenvolvimento da atividade pastoril. No entanto, esta atividade económica no sector primário tem dificuldade em arrancar, dadas as dificuldades encontradas pelos intervenientes. As condições de produção de culturas alimentares continuam a ser difíceis, tendo em conta os estrangulamentos que marcam a atividade. Estes estrangulamentos podem funcionar como tentáculos que travam a produção.

III- Apresentação de culturas alimentares

III-1-Áreas semeadas pelos agricultores inquiridos, com predominância de Nondara

Nondara é a zona privilegiada para a produção de culturas alimentares na comuna de Boundiali.

O quadro 13 atesta este facto.

Quadro 13: Área semeada com culturas alimentares em hectares em Boundiali

Localidades	Arroz	Milho	Mil	Sorgo	Feijões	Amendoim	Inhame	TOTAL
Gnagnon	15	19	3	3	1	11	5	57
Nondara	59	116	6	0	0	144	13	338
Samorosso	11	10	0	0	0	4	2	27
Tombougou	19	32	0	0	1	14	1	67
TOTAL	104	177	9	3	2	173	21	489

Fonte: Inquéritos de campo 2021-2022

O milho, o amendoim e o arroz ocupam grandes áreas, com 177 ha (36,20% da área total semeada), 173 ha (35,39%) e 104 ha (21,27%), respetivamente (Quadro 13). Além disso, a área semeada com inhame, com 21 ha (4,29%), é maior do que a semeada com painço (9 ha, ou 1,84%), sorgo (3 ha, ou 0,61%) e feijão (2 ha, ou 0,41%). Samorosso tem a área cultivada mais pequena, representando pouco mais de 20ème (27 ha ou 5,52%) do coberto vegetal semeado. A pequena área observada em Samorosso pode ser devida aos numerosos empreendimentos habitacionais realizados pela comunidade, que reduzem de facto a área disponível para cultivo. Além disso, o acesso à terra nesta localidade é muito rígido. Assim, o arrendamento e a meação são formas muito limitadas de acesso à terra, especialmente em Samorosso. 54,55% dos agricultores de Nondara são herdeiros de terras, contra 47,27% que têm acesso à terra por doação. Além disso, 1,82% dos agricultores alugam terras e 3,64% partilham a produção como forma de utilizar as terras aráveis. Por outro lado, a doação e a meação representam uma percentagem muito reduzida (7,27%), a favor do acesso por herança em Samorosso. A estes estrangulamentos junta-se o êxodo de trabalhadores qualificados para a cidade de Boundiali, para trabalharem nos sectores secundário e terciário, e a urbanização de Boundiali em detrimento de Samorosso, situada a apenas 3 km da cidade, limitando a produção alimentar através de uma redução drástica das terras aráveis. Por outro lado, estes marcos que delimitam o acesso às terras agrícolas podem antecipar e evitar qualquer desejo de conflito fundiário. Além disso, a superfície semeada pode explicar a quantidade de produtos alimentares colhidos.

III-2-Produção alimentar local dominada pelo milho e pelo amendoim

O milho (Zea mays), o amendoim (Arachis hypogaea), o arroz de sequeiro e de várzea (Oryza sativa), o painço (Pennisetum glaucum), a mapira (Sorghum bicolor), o feijão (Phaseolus vulgaris) e o inhame (Dioscorea spp) são as principais culturas alimentares cultivadas no bloco de estudo (Quadro 14). Especificamente, o milho e o amendoim dominam os produtos alimentares vegetais, com uma produção anual de 185.604 kg (37,85% da produção anual total) e 18.3300 kg (37,38%), respetivamente, como mostra o Quadro 3. Nondara é a principal localidade que poderia abastecer a cidade de Boundiali, tendo em conta as suas estatísticas agrícolas: 148400 kg de amendoim (41,44%), 129000 kg de milho (36,02%) e 76500 kg de arroz (21,36%). A foto 8 mostra como o amendoim é cultivado em Nondara. No entanto, as duas primeiras culturas são as culturas alimentares cultivadas em Boundiali, às quais se deve acrescentar o arroz. A predominância do milho pode ser justificada pela sua compatibilidade com o regime climático da zona. Além disso, a sujeição das outras culturas pode ser explicada pela dieta alimentar do povo Senoufo, que se baseia essencialmente no milho. Por último, a acessibilidade. Uma razão plausível para este predomínio seria o facto de os consumidores terem um preço mais baixo para este produto.

Quadro 14: Produção anual de culturas alimentares em quilogramas

Localidades	Arroz	Milho	Mil	Sorgo	Feijões	Amendoim	Inhame	TOTAL
Gnagnon	11000	16100	1800	750	100	11200	1000	41950
Nondara	76500	129000	0	0	0	148400	4200	358100
Samorosso	7500	9500	0	0	0	4200	2000	23200
Tombougou	14500	31004	0	0	0	19500	2000	67004
TOTAL	109500	185604	1800	750	100	183300	9200	490254

Fonte: inquérito de campo 2021-2022

Foto 8: Campo de amendoim em Gnagnon, a 3 km de Boundiali

Fonte: Foto de SOUMAHORO, 2022

As superfícies semeadas e o volume de produção são responsáveis pelos bons ou maus rendimentos agrícolas.

III-3-Melhoria do rendimento das culturas alimentares em Tombougou

O amendoim, o milho, o inhame e o arroz têm rendimentos elevados em comparação com as outras culturas, com rendimentos brutos de cerca de 4491,58 kg/ha, 3878,29 kg/ha, 3523,07 kg/ha e 3474,90 kg/ha, respetivamente (Quadro 15). Uma análise comparativa destes rendimentos mostra que o amendoim tem o rendimento mais elevado: 4491,58 kg/ha, ou 27,53% do rendimento total. A produção local de alimentos abastece os mercados urbanos. O elevado rendimento das culturas alimentares em Tombougou pode ser explicado pela qualidade do solo rico em nutrientes e pelo respeito dos agricultores pelos métodos e técnicas agrícolas. A estas actividades de produção alimentar junta-se a criação de gado.

Quadro 15: Rendimentos em kg/ha de culturas alimentares

Localidades	Arroz	Milho	Mil	Sorgo	Feijões	Amendoim	Inhame	TOTAL
Gnagnon	733,33	847,36	600	250	100	1018,18	200	3748,87
Nondara	1296,61	1112,06	0	0	0	1030,55	323,07	3762,29
Samorosso	681,81	950	0	0	0	1050	1000	3681,81
Tombougou	763,15	968,87	0	0	0	1392,85	2000	5124,87
TOTAL	3474,90	3878,29	600	250	100	4491,58	3523,07	16317,84

Fonte: inquérito de campo 2021-2022

III-4-Produção animal em benefício das galinhas em Boundiali

A produção pecuária é dominada pelas galinhas de origem africana, conhecidas como "galinhas de bicicleta". Os bovinos (Bos taurus) estão em segundo lugar, seguidos dos ovinos (Ovis aries) em terceiro. As cabras (Caprinae) estão em quarto lugar. A criação de galinhas-d'angola (Numididae) e de porcos (Sus scrofa domesticus) não está desenvolvida, de acordo com os dados do quadro 16.

Quadro 16: Cabeças de gado por ano, por tipo de exploração

Localidades	Galinhas	Cabris	Ovinos	Bois	Porcos	Galinha d'angola	TOTAL
Gnagnon	23	12	0	9	12	0	56
Nondara	264	60	169	181	0	30	704
Samorosso	17	0	25	36	0	0	78
Tombougou	38	6	32	31	0	0	107
TOTAL	342	78	226	257	12	30	945

Fonte: inquérito de campo de 2022-2023

O quadro 16 mostra que são criados 342 frangos (36,19%), 257 bovinos (27,19%) e 226 ovinos (23,69%). A criação de caprinos e de galinhas d'angola é insignificante: 78 cabeças, ou seja 8,25% dos caprinos, e 30 cabeças de pintadas, ou seja 3,17%. Finalmente, a criação de porcos é quase inexistente, com apenas 12 cabeças, ou seja, 1,27% (foto 9). No entanto, o quadro 16 mostra que Nondara é a zona com maior tradição de criação de gado, com 704 cabeças de gado (74,50%), das quais 37,5% de galinhas, 8,52% de cabras, 24,01% de ovelhas, 25,71% de carne de vaca e 4,26% de pintadas. No conjunto, a produção animal nas zonas rurais de Boundiali é muito insuficiente. A criação de galinhas está no topo do pelotão. Estes diferentes produtos alimentares locais são transportados para o mercado de Boundiali para abastecer os consumidores.

Foto 9: Três porcos na aldeia de Gnagnon, a 2 km de Boundiali.

Fonte: Foto de SOUMAHORO, 2023

IV- Abastecimento do centro comercial urbano de Boundiali com produtos alimentares locais

IV-1-Armazéns para produtos alimentares, dominados por armazéns em Boundiali

Os celeiros e os armazéns são as principais infra-estruturas de armazenamento de produtos alimentares. A análise da Figura 10 mostra que 80,52% dos inquiridos guardam os seus produtos em lojas construídas com materiais modernos, enquanto 19,48% os armazenam em celeiros. No entanto, 70,13% dos produtores preferem armazenar os seus produtos nos armazéns das aldeias, em comparação com 10,39% que levam os seus produtos para a cidade para armazenamento. Este facto mostra a resiliência do celeiro na cadeia de produção alimentar face à modernização acelerada da habitação rural.

Figura 10: Locais onde os produtos alimentares são armazenados

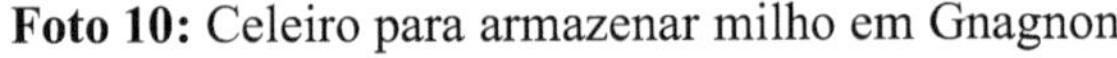

Fonte: Trabalho de campo, 2021-2022

A fotografia 10 mostra a existência desta infraestrutura tradicional de armazenamento de produtos alimentares em Gnagnon. As mercadorias são transportadas destes armazéns para o mercado de Boundiali.

Foto 10: Celeiro para armazenar milho em Gnagnon

Fonte: Foto de SOUMAHORO, 2022

IV-2-Meios de transporte para a venda de produtos alimentares locais

As motas de duas ou três rodas, os toldos de 2 a 9 toneladas e a mansa de 18 a 22 lugares são utilizados para transportar 94,68% das culturas alimentares rurais (Figura 11). Assim, 23,89% dos produtores rurais transportam a sua produção em lonas, contra 22,12% em veículos de transporte coletivo, 48,67% em veículos de duas ou três rodas, 2,65% à cabeça, 0,9% em bicicletas e 1,77% em animais de carga. A elevada utilização de motociclos de duas ou três rodas explica-se pelo baixo volume de produção alimentar local a transportar das bacias de produção rural para a cidade de Boundiali.

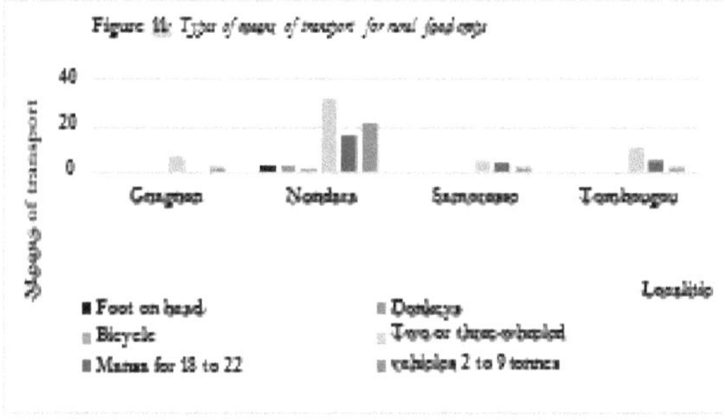

Fonte: Trabalho de campo 2022-2023

A Figura 11 mostra que os veículos de três rodas são o principal meio de transporte de culturas alimentares, como a Foto 11 também mostra.

Foto 11: Máquina de três rodas carregada com culturas alimentares em Boundiali

Fonte: Foto de SOUMAHORO, 2022

IV-3-Relação entre a produção alimentar local e o mercado Boundiali.

IV-3-1-Relação entre a produção de culturas alimentares e o mercado Boundiali.

Nondara comercializa 46900 kg de milho, 106600 kg de amendoim e 23900 kg de arroz, e continua a ser o celeiro alimentar da área de estudo (Figura 12). No entanto, esta produção (490254 kg por ano) é insuficiente para uma população urbana de cerca de 65191 habitantes, ou seja, 7,52 kg/cabeça/ano. Para além dos alimentos vegetais encontrados na área de transação, os consumidores também estão interessados em alimentos animais.

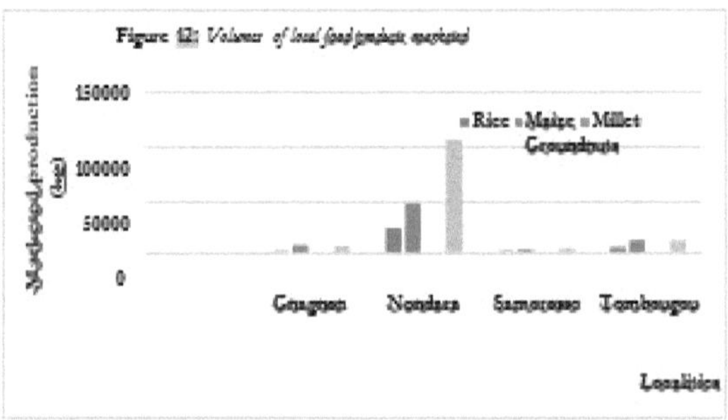

Fonte: Trabalho de campo, 2022-2023

IV-3-2-Relação entre a produção de animais destinados à alimentação humana e o mercado Boundiali.

Bois, galinhas, ovelhas, cabras, galinhas d'angola e porcos são os produtos animais vendidos pelos produtores no mercado de Boundiali. A figura 13 mostra que as galinhas, os bois e as ovelhas são os produtos mais populares no mercado de Boundiali. Os frangos representam 40,93% dos animais vendidos, contra 24,60% para os bois e 21,98% para os ovinos. As cabras, as galinhas d'angola e os porcos são vendidos em menor quantidade, representando 8,67%, 3,02% e 0,81%, respetivamente. Nondara é o maior fornecedor de produtos de origem animal, com 79,44% dos animais vendidos, enquanto Tombougou (10,08%),

Samorosso (6,45%) e Gnagnon (4,03%) estão a lutar para fornecer um grande número de animais para satisfazer as necessidades proteicas de um número estimado de 6.5191 consumidores urbanos. Em última análise, as quatro localidades fornecem ao mercado de Boundiali uma produção animal anual total de 496 cabeças, ou seja, 0,008 cabeças/cabeça/ano. Para além da baixa produção de proteínas animais, os preços de mercado são variáveis.

Figura 13: Cabeças de animais locais vendidos no mercado de Boundiali por ano

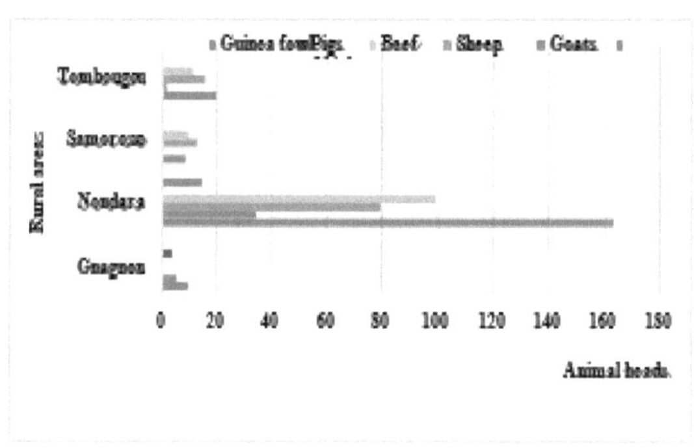

Fonte: Trabalho de campo, 2022-2023

IV-4- Preços dos produtos alimentares vendidos no mercado de Boundiali

IV-4-1- Preços dos produtos alimentares comercializados com um elevado valor de mercado de

Amendoins

O amendoim custa 0,99 euros por kg, em comparação com 30,49 euros por saco de 100 kg de arroz não triturado, 26,68 euros por saco de 100 kg de milho e 0,30 euros por kg de painço (quadro 17). Se observarmos o quadro 17, os amendoins têm um valor de mercado elevado, de 0,99 euros/kg. Para tornar possível a transação, são utilizadas unidades de medida locais, que são o balde, o monte e a caixa. Uma caixa de milho custa 0,27 euros, enquanto uma caixa de milho painço custa 0,30 euros. A fotografia 12 mostra os tipos de produtos alimentares disponíveis no mercado de Boundiali. O elevado valor de mercado do amendoim pode apoiar a opção dos produtores pelo cultivo desta cultura.

Quadro 17: Preço médio de venda das culturas alimentares ao nível do produtor

Culturas alimentares	Quantidade	Preço unitário (€)	Montante (€)
Arroz não esmagado (kg)	100	0,30	30,49
Milho (kg)	100	0,27	26,68
Milho painço (kg)	100	0,30	30,49
Amendoins (sementes em kg)	100	0,99	99,10

Fonte: Trabalho de campo 2022-2023

Foto 12: Cereais vendidos no mercado de Boundiali

Fonte: Foto de SOUMAHORO, 2022-2023

Observando a foto 12, o milho triturado, o arroz branco, o feijão, o painço e a mapira são as culturas alimentares mais populares no mercado de Boundiali. A produção de milho e de amendoim gera rendimentos para os agricultores. De facto, o cultivo do milho é mais caro do que o do amendoim (Quadro 18). Olhando para o quadro 18, os produtores de alimentos precisam de angariar 307,21 euros para cultivar um hectare de milho, em comparação com 28,97 euros para o amendoim. O amendoim, por outro lado, é mais rentável para o agricultor porque, para um custo total de produção de cerca de 28,97 euros por hectare, o agricultor obtém um lucro anual de 767,98 euros, mais do dobro do lucro obtido com a venda do milho. Tal como os produtos alimentares à base de plantas, os preços de venda das proteínas animais dependem do tipo de animal.

Quadro 18: Declaração anual de funcionamento de um hectare de campos de milho e amendoim de um agricultor em Nondara

Culturas	Milho	Total (€)	Amendoim	Total (€)
Custo de aluguer de a terra (€)	9,16	9,16	9,16	9,16
Natureza da mão trabalho	1 par de bois 3 manobras 2 voltas em grupo autoajuda		1 ronda de grupos autoajuda 2 manobras	
Custo da mão de trabalho (€)	67,92	67,92	19,84	19,84
Insumos agrícolas	Fertilizante NPK (kg) Fertilizante de ureia (kg) Gramossone (litro) 4 caixas herbicidas			
Custos de produção agrícola (€)	230,48	230,48		
Despesas totais (€)		307,56		29
Volume de produção vendido (kg)		2500		803,30
Preço de venda de receitas (€)		667,79		796,99
Lucro (€)		360,22		767,98

Fonte: Trabalho de campo, 2021-2022

IV-4-2 Preços dos géneros alimentícios e produtos animais comercializados com um valor de mercado elevado para a carne de bovino

Os preços dos animais na zona de investigação diferem de um animal para outro. Produtos avícolas: a pintada e o frango têm preços médios de venda muito baixos, com 5,34 euros para a pintada e 4,57 euros para o frango, uma diferença de 7,69% a favor da primeira (quadro 19). Os preços dos ovinos, suínos e caprinos aumentaram em relação a estes preços. O quadro 19 mostra que os ovinos são vendidos a 53,36 euros, os suínos a 38,16 euros e os caprinos a 30,49 euros, o que dá um preço unitário médio de 40,66 euros. A carne de bovino custa mais do que qualquer uma das anteriores. Observando o quadro 19, o preço médio unitário da carne de bovino é de 251,56 euros, uma diferença de 72,17% e 8 vezes o preço dos animais acima referidos. Mais de 80% dos produtores entrevistados afirmam que estes preços nem sempre são respeitados pelos comerciantes que compram os animais. As fotografias 13 e 14 mostram a transação de galinha d'angola e de carne de vaca (3,81 €/kg) no mercado de Boundiali. O comércio de produtos alimentares locais é uma fonte de recursos financeiros para o município de Boundiali.

Quadro 19: Preço médio de venda dos produtos alimentares de origem animal a nível do produtor

Designação	Quantidade (s)	Preço médio (€)
Galinha (s)	1	4,57
Pintassilgo (s)	1	5,35
Cabri (s)	1	30,49
Ovelha (s)	1	53,36
Carne de vaca (s)	1	251,56
Porco (s)	1	38,16

Fonte: Trabalho de campo 2022-2023

Foto 13: Galinha-d'angola no mercado de Boundiali **Foto 14:** Carne de vaca no mercado de Boundiali

Fonte: Foto de SOUMAHORO, 2022

IV-5-Contribuição das culturas alimentares locais para a gestão do município de Boundiali

A receita cobrada pela Câmara Municipal de Boundiali de 2017 a 2021 varia entre 2 869,34 € e 25 461,20 € (Quadro 20). Observando o quadro 20, a parte dos impostos em 2017 foi de 6459,61 €, ou 27,59% da receita, em comparação com 3819,12 € em 2021, ou 15,04% da receita. Os comerciantes de géneros alimentícios pagam 0,30 euros por dia. O montante diário dos impostos é de 274,43 euros em 2021 para 900 lugares dos 1 002 lugares disponíveis no mercado. Isto mostra a importância do comércio alimentar na base de tributação do município de Boundiali.

Quadro 20: Crescimento das receitas no mercado Boundiali de 2017 a 2021

Anos	Impostos (€)	Royalties (€)	Receitas (€)
2017	6459,61	16950,98	23410,58
2018	3808,05	20261,32	24069,07
2019	3532,17	20126,01	23658,18
2020	4930,28	19179,03	24109,32
2021	3819,12	21580,48	25399,60
Média de 5 anos	4509,84	19619,57	24129,41

Fonte: Trabalho de campo, 2022-2023

A figura 14 mostra que a Nondara continua a ser o principal fornecedor da cidade de Boundiali.

Figura 14: Fluxos de produtos alimentares rurais para a cidade de Boundiali

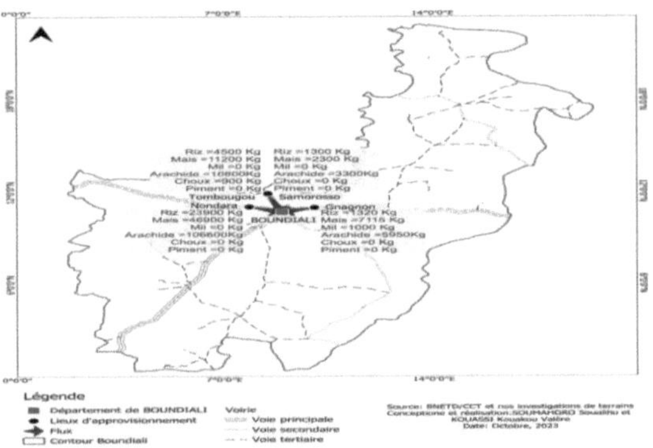

Fonte: Trabalho de campo, 2022-2023

O sistema de comercialização compreende dois níveis: o circuito curto e o circuito longo. A análise do quadro 21 mostra que 64 mulheres estão envolvidas na comercialização de culturas alimentares (foto 15).

Quadro 21: Número de mulheres produtoras que vendem culturas alimentares no bloco de estudo

Localidades	Número de mulheres
Gnagnon	08
Nondara	34
Samorosso	07
Tombougou	15
Total	64

Fonte: Trabalho de campo, 2021-2022

Foto 15: Mulheres agricultoras que entregam alimentos aos comerciantes no mercado de Boundiali.

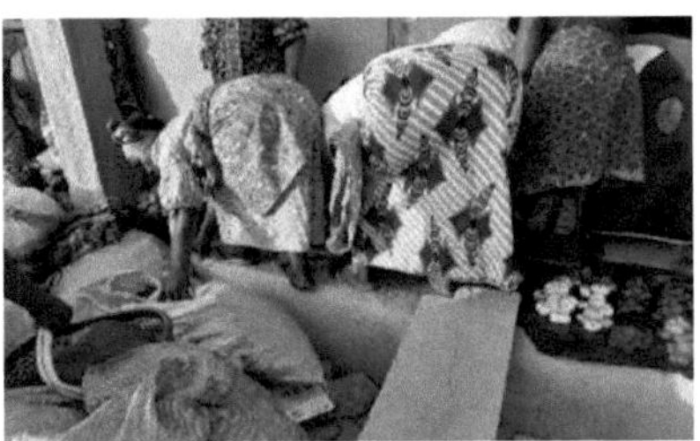

Fonte: Foto de SOUMAHORO, 2022

A figura 15 mostra que 37,21% das mulheres entregam os seus produtos diretamente aos consumidores, em comparação com 62,79% que os vendem a comerciantes.

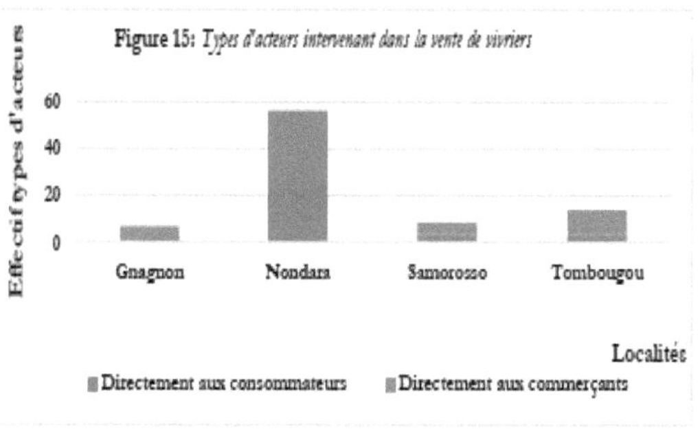

Fonte: Trabalho de campo, 2021-2022

O circuito longo coloca o produtor em contacto com grossistas, retalhistas e intermediários. A figura 16 mostra que 46,73% dos produtores vendem as suas colheitas a grossistas, em comparação com 48,60% a retalhistas e 4,67% a intermediários. Os sistemas de abastecimento na cidade de Boundiali são dominados por longos canais indirectos (Figura 16). No entanto, é de notar que as mulheres dos agricultores oferecem culturas alimentares aos consumidores, especialmente aos sábados, o ponto alto do mercado de Boundiali.

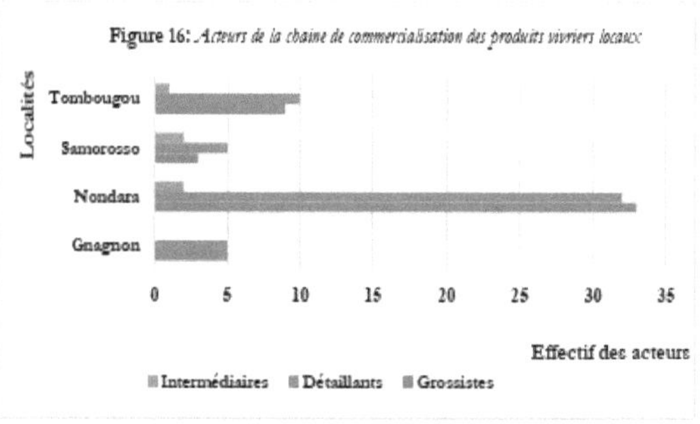

Fonte: Trabalho de campo, 2021-2022

O mercado de Boundiali gera recursos adicionais para o município implementar o seu programa. A produção alimentar contribui igualmente para melhorar as condições de vida dos produtores da zona de investigação.

IV-6 - Impacto social e económico da produção alimentar no bem-estar dos agricultores

IV-6-1-Vantagem da produção alimentar local na autossuficiência dos produtores

A tabela 22 mostra que o feijão, o inhame e o sorgo são consumidos pelos próprios agricultores, enquanto o amendoim é cultivado principalmente para venda, com apenas 30,91% para consumo. Para além disso, 63,62% do milho e 71,67% do arroz são consumidos pelos agricultores (foto 16). A análise do quadro 2 mostra que as 4 localidades têm uma produção anual de cerca de 26.4069 kg, ou seja, 4.801,25 kg/família/ano para consumo. Para além disso, estas quatro localidades produzem 226185 kg para venda em Boundiali, ou seja, 3,47 kg/citadina/ano para comercialização a 65191 pessoas. Especificamente, 1.8089 kg de milho são produzidos para consumo na aldeia, ou seja, 2.147,07 kg/família/ano, enquanto o rácio de milho produzido na cidade é de 1,04 kg/cabeça/ano. A preponderância do amendoim na cadeia de comercialização dos produtos alimentares locais pode ser explicada pelo aspeto monetário para a escolarização dos seus descendentes e a manutenção fisiológica das suas famílias.

Quadro 22: Produção de culturas alimentares em kg para consumo

Localidades	Arroz	Milho	Mil	Sorgo	Feijões	Amendoim	Inhame	TOTAL
Gnagnon	9680	8985	800	750	100	5250	1000	26565
Nondara	52600	82100	0	0	0	41800	4200	180700
Samorosso	6200	7200	0	0	0	900	2000	16300
Tombougou	10000	19804	0	0	0	8700	2000	40504
TOTAL	78480	118089	800	750	100	56650	9200	264069

Fonte: Trabalho de campo, 2022-2023

Fonte: Foto de SOUMAHORO, 2022

Para além das culturas alimentares, os produtores também se dedicam a actividades pastoris. A Tabela 23 mostra que 30,33% dos bovinos, 31,24% das galinhas, 26,29% dos ovinos, 6,97% dos caprinos, 3,37% das galinhas d'angola e 1,80% dos suínos são consumidos no bloco de estudo. Esta análise mostra que a criação de gado e de aves é a mais desenvolvida. O predomínio do gado bovino pode ser justificado pela utilização de bois para a criação de arreios (foto 17) e para a organização de rituais ligados aos costumes Senufo.

Quadro 23: Cabeças de animais para consumo a nível do produtor, por ano

Localidades	Galinhas	Cabris	Ovinos	Bois	Porcos	Galinha d'angola	TOTAL
Gnagnon	13	2	0	9	8	0	32
Nondara	100	25	89	81	0	15	310
Samorosso	8	0	12	26	0	0	46
Tombougou	18	4	16	19	0	0	57
TOTAL	139	31	117	135	8	15	445

Fonte: Trabalho de campo, 2022-2023

O baixo nível de produção de carne de porco (1,27% da produção total e 1,80% do consumo total) poderia ser explicado pela islamização de populações onde o consumo deste animal é proibido pela religião acima mencionada.

Foto 17: Lavoura de cabanas em Tombougou

Fonte: Trabalho de campo, 2022-2023

As culturas alimentares são produzidas principalmente para auto-consumo. No entanto, a transação destes produtos oferece oportunidades para os profissionais fornecerem bens de capital aos seus agregados familiares.

IV-6-2-Impacto da comercialização de produtos alimentares locais nas condições de vida dos produtores de Boundiali

Os produtores de alimentos melhoram parcialmente o seu ambiente através da produção e venda de produtos alimentares. A figura 17 mostra que 34,21% do rendimento proveniente da venda de culturas alimentares serve para apoiar a escolaridade dos filhos dos agricultores. Os géneros alimentícios vendidos também fornecem bens manufacturados a 19,74% dos agricultores. A figura 17 mostra que 10,09% dos agricultores corajosos usam os fundos gerados para reabilitar as bombas da aldeia, em comparação com 27,19% para alugar e comprar casas na cidade e 8,77% para tontinas. A fotografia 18 mostra o impacto significativo das transacções de alimentos no fornecimento de água potável às famílias de Gnagnon.

Figura 17: Condições de vida dos produtores de alimentos em Boundiali

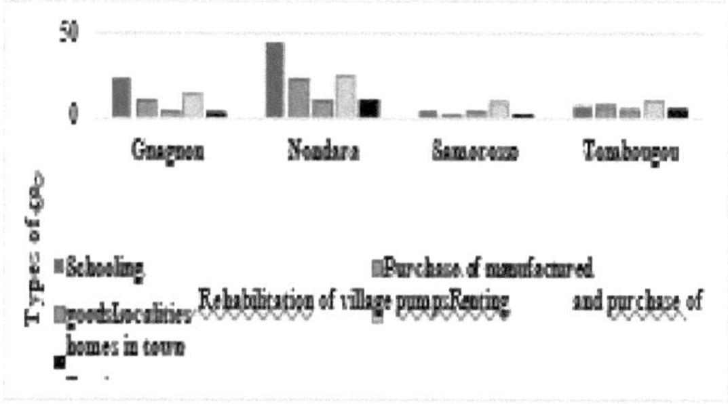

Fonte: Trabalho de campo, 2021-2022

A análise da figura 17 mostra que apenas 9,65% dos produtores de Samorosso beneficiam da comercialização de culturas alimentares. Isto pode ser explicado, em primeiro lugar, pelo baixo volume de produção alimentar, em segundo lugar, pela forte presença de culturas de algodão e castanha de caju e, em terceiro lugar, pela falta de uma política nacional de produção alimentar, especialmente em termos de oferta de preços de campo aos produtores. Para além dos benefícios da produção e distribuição de alimentos locais em termos de mudanças positivas no ambiente de vida, esta atividade ajuda a manter os valores socioculturais.

Foto18: Bomba humana funcional em Gnagnon

Fonte: Foto de SOUMAHORO, 2022

IV-6-2-Retomadas da comercialização de produtos de viveiros locais na perpetuação dos valores socioculturais

Os Senufo são um povo conservador. Os costumes e as tradições desempenham um papel central na sua sociedade. A análise da figura 18 mostra que os funerais, a madeira sagrada e os casamentos continuam a ser as principais caraterísticas da civilização deste povo. Assim, 34,68% dos produtores de alimentos dedicam uma parte substancial do seu rendimento à organização de casamentos. Por outro lado, 33,53% destes produtores financiam a sua estadia no bosque sagrado através da venda de produtos alimentares, contra 31,79% para os funerais. Em resumo, a figura 18 mostra que os valores socioculturais são os traços essenciais da civilização Senoufo em função das proporções desses valores.

Figura 18: Valores socioculturais em Boundiali

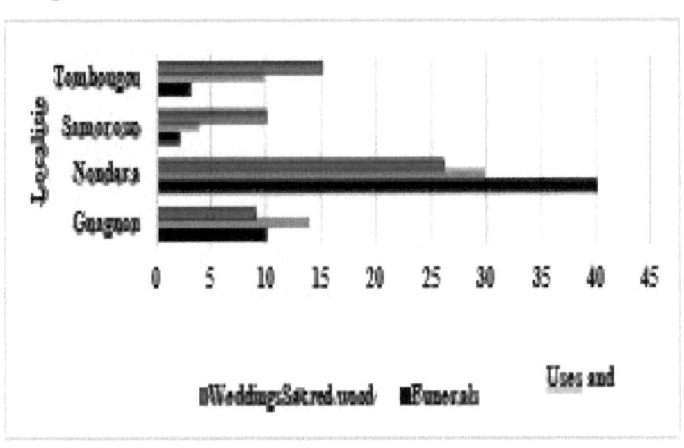

Fonte: Trabalho de campo, 2021-2022

A fotografia 19 mostra um jovem Senufo a receber formação na floresta sagrada de Nondara.

Foto 19: Dois jovens Senufo em formação no bosque sagrado de Nondarai.

Fonte: Foto de SOUMAHORO, 2022

A produção alimentar local abastece o centro comercial de Boundiali. O abastecimento deste mercado gera receitas para a Câmara Municipal através do sistema de cobrança de impostos. No entanto, este ponto de encontro entre vendedores, compradores e consumidores pode não ser o melhor local para se estar.

V- Apresentação do mercado de Boundiali

V-1 Mercado de Boundiali, o maior centro comercial da região de Bagoué

Situado entre as latitudes 9°.52 e 9°.44 norte e as longitudes 6°.75 e 6°.47 oeste, o mercado de Boundiali foi construído em 1985. Tem uma forma retangular, com 210 m de comprimento e 185 m de largura (Figura 19). De facto, este edifício comercial ocupa uma área de 38.850 m^2 com 10.002 lugares, ou seja, 3,90 m^2 por lugar. Este espaço acolhe jogadores de diversas proveniências.

Figura 19: Localização do mercado de Boundiali

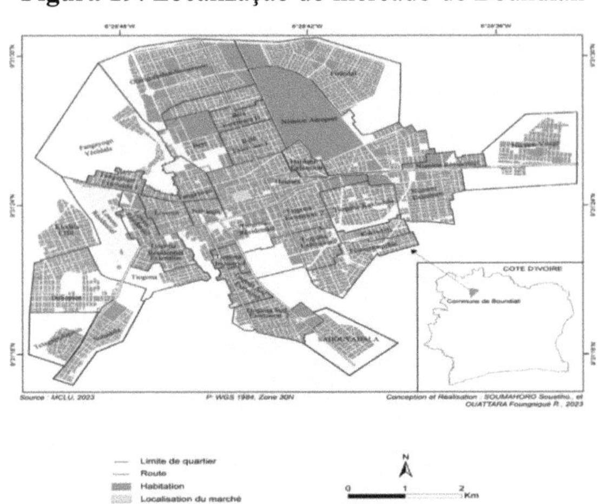

Fonte: Trabalho de campo, 2021-2022

V-2 - Perfil social e demográfico dos vendedores de géneros alimentícios

V-2-1- Comércio alimentar das mulheres

Há mais mulheres do que homens envolvidos no comércio de alimentos. A Figura 20 mostra que 66,7% dos inquiridos eram mulheres, em comparação com 33,30% dos comerciantes masculinos no mercado de Boundiali.

Figura 20: Distribuição dos comerciantes de alimentos por género nos dois mercados

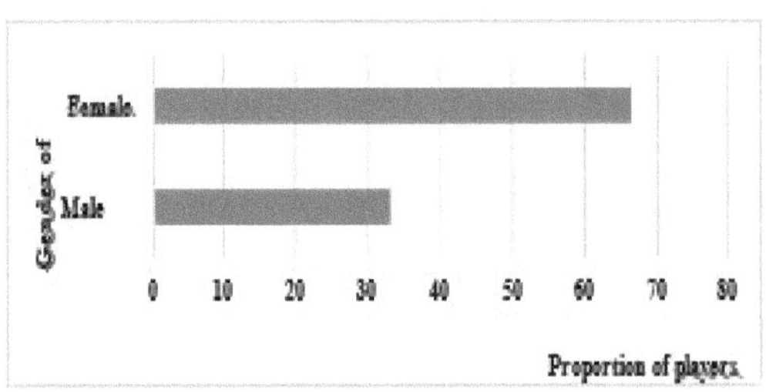

Fonte: Trabalho de campo, 2022-2023

Além disso, o mercado do quarteirão de investigação está repleto de comerciantes dos mais diversos quadrantes.

V-2-2-Dominância dos comerciantes de nacionalidade costa-marfinense na venda de produtos alimentares

A população do mercado na área de estudo é composta e cosmopolita. No entanto, 92,00% dos comerciantes são nacionais, contra 4,00% de malianos e 4,00% de mauritanos (figura 21). Este espaço de trocas comerciais é um excelente local de mistura cultural.

Figura 21: Repartição dos comerciantes de géneros alimentícios por nacionalidade

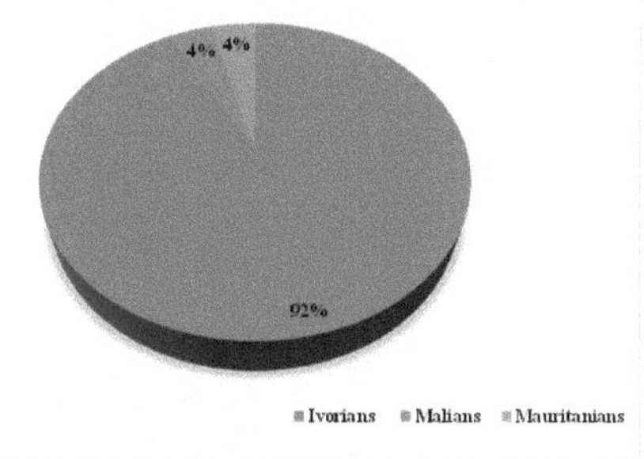

Fonte: Trabalho de campo, 2022-2023

Será que esta diversidade cultural não influencia o nível de educação?

V-2-3-Comércio alimentar nas mãos de pessoas sem instrução

Os que não têm escolaridade, os que têm o ensino primário e os que têm o ensino secundário são os níveis de escolaridade dos comerciantes desta área. A figura 22 mostra que os analfabetos representam 75% dos comerciantes de alimentos (9 num total de 12), em comparação com 16,67% (2) que completaram o ensino primário e 8,33% (1) que completaram o ensino secundário. As caraterísticas sócio-demográficas dos comerciantes podem ter um impacto positivo ou negativo na atividade comercial.

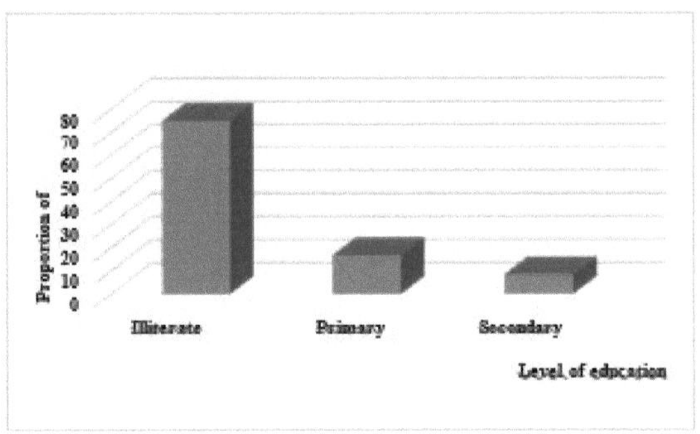

Fonte: Trabalho de campo, 2022-2023

V-3-Distribuição espacial das culturas alimentares no mercado

V-3-1-Distribuição espacial diferenciada dos produtos alimentares no mercado de Boundiali

O mercado central de Boundiali oferece aos utilizadores uma gama variada de produtos alimentares. Estes produtos estão concentrados em sectores bem conhecidos, embora díspares. A análise da figura 23 mostra que os vendedores de géneros alimentícios expõem os seus produtos na periferia do mercado. Esta organização junto às estradas responde à necessidade de tornar os produtos acessíveis e visíveis aos consumidores. Os resultados do trabalho de campo revelaram três níveis de exposição dos produtos: géneros alimentícios agrícolas, peixe e produtos animais, e produtos manufacturados. A figura 23 mostra que os produtos manufacturados são armazenados em armazéns. A exposição de géneros alimentícios junto às ruelas pode levar a uma concorrência desleal no que diz respeito ao pagamento de impostos. Muitos vendedores recusam-se a pagar impostos devido a esta situação, o que afecta drasticamente as receitas do município.

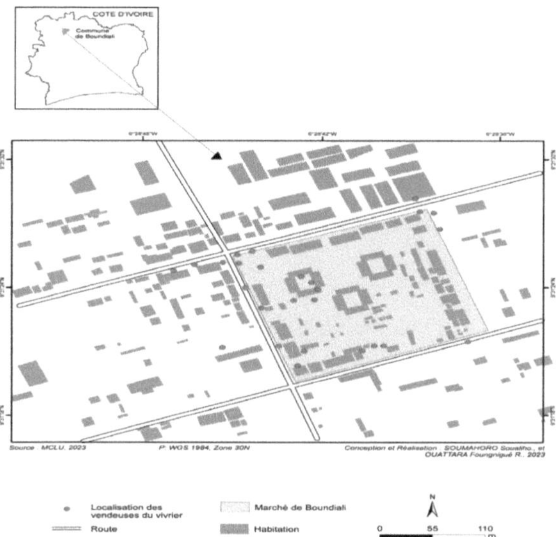

Fonte: Trabalho de campo, 2021-2022

O sábado é o ponto alto do mercado de Boundiali. Ali se reúnem vendedores e compradores de todo o mundo. Por isso, o espaço natural de venda torna-se extremamente estreito, obrigando alguns comerciantes a utilizar o passeio para expor as suas mercadorias (fotos 20 e 21).

Foto 20: Peixe numa prateleira

Foto 21: Setor dos legumes no mercado de Boundiali

Fonte: Foto SOUMAHORO 2021-2022

As diferentes prateleiras dos comerciantes do mercado de Boundiali oferecem aos consumidores um mosaico de géneros alimentícios, nomeadamente produtos de peixe (foto 13). Esta diversidade de produtos alimentares obedece a uma organização estruturada em termos de disposição espacial. A degradação do ambiente de mercado no quarteirão de investigação exige um estudo detalhado para uma compreensão aprofundada do fenómeno.

V-3-2-Abordagem específica do sector da alimentação não saudável no mercado de Boundiali

O perfil ambiental do mercado na área de estudo foi baseado nas percepções dos comerciantes. O quadro 24 mostra as opiniões dos comerciantes sobre a higiene da área de venda de produtos alimentares e manufacturados.

Quadro 24: Percepções dos comerciantes sobre o estado do ambiente do sector alimentar no mercado em estudo

Ambiente de mercado Boundiali	Força de trabalho	Frequência (%)
Próprio	0	0
Moderadamente limpo	3	25,00
Muito sujo	9	75,00
TOTAL	12	100

Fonte: Trabalho de campo 2021-2022

Observando a Tabela 24, ¾ dos comerciantes entrevistados no mercado do quarteirão de investigação afirmam que os mercados são muito sujos e que são muito afectados pelo lixo doméstico, esgotos, água da chuva e insectos com a sua quota-parte de cheiros nauseabundos. Por outro lado, mais de ¼ dos comerciantes admitem que o mercado não é demasiado sujo. No entanto, todos os comerciantes inquiridos afirmaram claramente que o ambiente do mercado não era nada agradável. Além disso, 100% dos comerciantes inquiridos concordam que as zonas dedicadas à venda de produtos alimentares no mercado do quarteirão em estudo são muito piores do que as utilizadas para a venda de produtos manufacturados. A análise da figura 24 revela o estado de insalubridade deste edifício público. Verifica-se que a área em redor do mercado está suja. A fotografia 22 revela a existência de águas residuais estagnadas em sarjetas entupidas e arenosas e de lixeiras não autorizadas de todos os tipos. Numa análise mais aprofundada, mais de 75% dos vendedores e compradores inquiridos afirmaram que as condições ambientais do mercado se tinham deteriorado, contra apenas 25% que afirmaram que o mercado estava relativamente limpo.

Figura 24: Vista dos depósitos de lixo no mercado de Boundiali

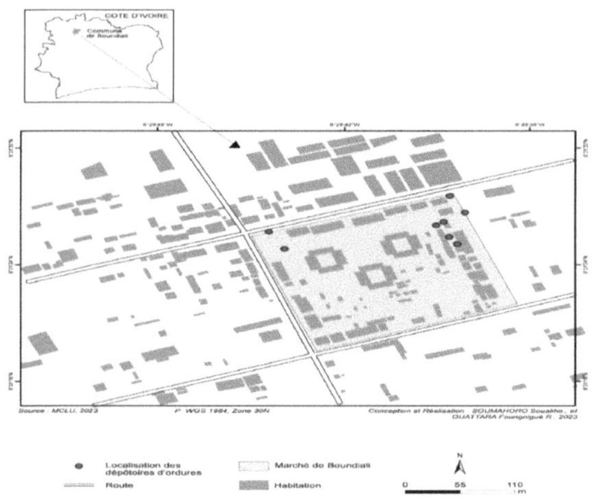

Fonte: Trabalho de campo 2021-2022

Estes resíduos, que estão a criar uma catástrofe ambiental, são essencialmente constituídos por resíduos de produtos alimentares comercializados, embora os trabalhos de campo tenham demonstrado que os produtos manufacturados contribuem significativamente para a degradação do ambiente (fotos 22 e 23). A conclusão sobre o estado higiénico do ambiente do mercado de Boundiali não tem paradoxo. Trata-se de uma hecatombe ambiental.

Fonte: Foto de SOUMAHORO, 2023

DISCUSSÃO

Os direitos fundiários são essencialmente consuetudinários, sendo o acesso às terras agrícolas efectuado predominantemente por herança. A ordem de sucessão baseia-se na linhagem patrilinear. O kahafolo (chefe da aldeia) ou tarafolo (chefe da terra) atribui parcelas de terra a cultivar aos membros da família em função das necessidades. As famílias exercem então um direito inalienável de utilização. Esta prática de posse da terra proíbe de facto todas as formas de transação. Parece que a natureza do modo de acesso à terra pode constituir um obstáculo a uma produção alimentar abundante. Esta realidade observada no ambiente de investigação é corroborada pelos trabalhos de DUFUMIER. M (1999 : 547-560). Segundo este autor, a propriedade indivisa da terra é frequentemente considerada como um obstáculo à intensificação da agricultura. O acesso à terra é, portanto, o obstáculo mais importante à entrada na produção de banana-da-terra na região ocidental dos Camarões (Guillaume Hensel FONGANG FOUEPE et al., 2019: 5). Além disso, a produção alimentar na área de estudo é detida principalmente por produtores que não sabem ler, escrever ou calcular. O baixo nível de educação dos actores pode atuar como um travão à produção em massa, de acordo com as linhas de investigação desenvolvidas por Mathieu Juliot MPABE BOJONGO e Fondo Sikod (2017: 4). Estes autores justificam que um aumento do nível de educação favorece o aumento do rendimento agrícola. Na sua opinião, a educação pode ajudar a melhorar a produtividade agrícola através da fácil apropriação de novas técnicas agrícolas. Em comparação com o nível de instrução dominado pelos sem instrução, as pessoas mais velhas são responsáveis pela produção de alimentos no bloco de pesquisa. A importância numérica dos adultos é justificada pelo trabalho de Ekou Nuama (2006, parágrafo 32). O autor mostra que a idade pode ter externalidades positivas, na medida em que os produtores mais velhos podem ser eficientes devido à sua experiência. Além disso, o abastecimento do mercado de Boundiali depende dos cereais, das oleaginosas e dos tubérculos provenientes das zonas rurais. No entanto, os estudos de Sophie Pulcherie TAPE (2023: 4) mostram que os géneros alimentícios disponíveis em Ayamé são dominados pela banana-da-terra, mandioca e taro provenientes das zonas rurais circundantes. O transporte destes produtos alimentares rurais das bacias de produção para o centro de comércio físico de Boundiali é efectuado por vários meios de transporte. Apenas os veículos de duas ou três rodas são muito procurados. A utilização de veículos de duas ou três rodas deve-se em parte ao baixo volume de produção e em parte à distância das estradas. Esta realidade da área de estudo é confirmada pelo trabalho de Djibril KONATE et al (2021: 3128), que argumenta que a utilização da capacidade do camião depende do tamanho dos produtos a serem transportados e da distância da área de recolha do produto. No entanto, o meio de transporte utilizado em Boundiali é diferente do utilizado em Téra no Níger (Djibril KONATE et al., 2021, op cit). Os animais de carga são o meio de mobilidade na zona. Para conciliar todas estas posições, a teoria de Von Thünen afirma que a distância justifica os custos de transporte. Por isso, há lugares que são melhores do que outros para uma determinada atividade. Quanto mais afastadas ou distantes forem as zonas de produção alimentar, mais elevados serão os custos de transporte dos géneros alimentícios. O acesso ao mercado de Boundiali para os produtos alimentares locais constitui uma oportunidade para os produtores, os comerciantes e a Câmara Municipal gerarem recursos financeiros. Existem dois canais de comercialização dos produtos alimentares: o canal curto ou direto e o canal longo ou indireto. Os produtores vendem os seus produtos diretamente aos consumidores ou aos comerciantes. Este modo de comercialização dos produtos alimentares locais está de acordo com as conclusões de Sophie Pulchérie TAPE et al (2020: 19). Estes autores indicam que 10% dos produtores vendem os seus produtos aos consumidores, depois 47% aos comerciantes e finalmente 43% aos consumidores e aos comerciantes na cidade de Bouaké. Por conseguinte, a coleta de impostos através dos produtores-vendedores reforçou o orçamento municipal. Esta melhoria económica da coletividade local através dos impostos e taxas é também justificada pelo trabalho de ALE Agbachi Georges (2020: 8), que defende que as receitas representam um ganho financeiro considerável para o orçamento comunal no âmbito do seu desenvolvimento territorial. Este autor, em consonância com MBELLA MBONG Rostant e MAWO Vigenie Yoland (2023: 189), mostra a eficácia da gestão do mercado pela autarquia local de Ouaké no nordeste do Benim. Segundo ele, a coletividade local arrecadou, em média, entre 22 e 40 milhões de francos CFA desde 2012 em receitas provenientes de impostos e taxas de ocupação do mercado. O mercado de Boundiali é o local de venda de géneros alimentícios e de produtos manufacturados, o que é confirmado pelo trabalho de WILHEM (1997: 20), que afirma que o mercado urbano é o local onde a população urbana se abastece de produtos manufacturados, de géneros alimentícios e de bens de primeira necessidade. Além disso, este espaço físico de trocas comerciais recebe utilizadores de diversas origens. É o cadinho de um estrato social cosmopolita. Tanto os homens como as mulheres participam nas trocas comerciais no local. A este respeito, verifica-se uma superioridade numérica dos actores femininos em detrimento dos chamados actores masculinos. A subjugação aritmética dos homens a favor das mulheres é também observada no trabalho de Nadège Ahou Kouadio Konan (2021: 8) no grande mercado de Treichville e no fórum do mercado de Adjamé em Abidjan. Esta autora confirma que as mulheres são maioritárias na comercialização de produtos alimentares, com uma taxa de 71,84%. Esta posição é apoiada por Guillaume Hensel FONGANG FOUEPE et al, (2019, op cit). De facto, segundo eles, o comércio da banana-da-terra na região oeste dos Camarões é gerido por mulheres, 84% das quais são mulheres. A mistura cultural criada pelo encontro de vendedores, compradores e consumidores atraiu a nossa atenção. O estudo sobre as origens dos diferentes actores privilegia os nacionais. Por outras palavras, o comércio de produtos alimentares no mercado de Boundiali está concentrado nas mãos dos marfinenses, embora haja uma participação substancial de não nacionais, nomeadamente malianos e mauritanos. A configuração desenfreada dos actores da cadeia de comercialização nas zonas de transação da área de estudo está em perfeita simbiose com os resultados produzidos por Patrice MOUNDZA e Robert Edmond ZIAVOULA (2006: 227), que mostram que a maioria dos comerciantes e vendedores nos mercados da cidade de Brazzaville são de nacionalidade congolesa. Por outro lado, estudos posteriores aos anteriores relativos à educação desafiaram DAKOURI Guissa Francis e KOULAÏ Armand (2015: 5). Para estes autores, o nível de educação dominante nos mercados de Abobo-Centre em Abidjan é o dos analfabetos, com uma taxa de 55%, em comparação com taxas de 24%, 19% e 2%, respetivamente, para o ensino primário, secundário e superior. As posições dos autores supracitados consolidam assim os resultados do nosso trabalho, uma vez que a maioria dos comerciantes da nossa zona de estudo é analfabeta. Para além disso, a zona comercial de Boundiali é movimentada todos os dias. No entanto, aos sábados, registam-se grandes fluxos de vendedores, compradores e mercadorias provenientes de vários locais. Esta realidade vivida é perfeitamente semelhante à desenvolvida por ALE Agbachi Georges (2020: 1). Para ele, o mercado de Kassoua-Allah, que se realiza todas as terças-feiras e se situa no nordeste do Benim, perto da fronteira togolesa, representa um centro dinâmico de atividade e comércio. A sobrelotação e a utilização excessiva deste edifício comercial, nomeadamente no dia de referência, prejudicam a qualidade da higiene ambiental. Para o efeito, o perímetro utilizado para o comércio de produtos, nomeadamente alimentares, é identificado pelo seu ambiente inadequado. É um recetáculo de todos os tipos de resíduos e de águas residuais. Se analisarmos bem, as zonas de exposição de produtos alimentares são mais poluentes do que as zonas de venda de produtos manufacturados. Além disso, as ruelas próximas dos mercados são muito procuradas nos dias de maior movimento. Este raciocínio é corroborado por vários estudos e escritos científicos. De uma forma pragmática, BELLEFLEUR Steve (2019: 54) explica que o aspeto espacial dos mercados e afirma que a natureza apertada dos mercados e a insuficiência numérica de espaços levam à ocupação das artérias próximas. Para além desta forma de poluição, Patrice Moundza e Robert Edmond Ziavoula (2006, op. cit.) mostram que o lixo está espalhado por todos os mercados de Brazzaville. A OMS (2001: 32) acrescenta que as mercadorias são vendidas em zonas não higiénicas.

CONCLUSÃO

A produção de alimentos requer o uso de donativos, herança, arrendamento e meação. No entanto, o método de herança está a emergir. A posse da terra tem um impacto na área semeada. O milho (36,20%), o arroz (21,27%), o painço (1,84%), a mapira (0,61%), o feijão (0,41%), o amendoim (35,38%) e o inhame (4,29%) constituem as áreas semeadas. Outras culturas incluem o milho (37,85%), amendoim (37,38%), arroz (22,33%), inhame (1,87%), painço (0,36%), sorgo (0,15%) e feijão (0,02%). A galinha (36,19%), a cabra (8,25%), o painço (0,25%), a mapira (0,15%) e o feijão (0,02%) foram as outras culturas principais. A carne de carneiro (23,92%), a carne de vaca (27,20%), a carne de porco (1,27%) e a galinha d'angola (3,17%) são os principais produtos alimentares de origem animal no bloco de estudo. Estes géneros alimentícios chegam ao mercado de Boundiali através de meios de transporte, sendo os veículos de duas ou três rodas (48,67%) os mais populares. A venda de géneros alimentícios permite à coletividade local obter recursos financeiros indispensáveis ao desenvolvimento municipal. No entanto, a comercialização de produtos alimentares está a provocar uma degradação do ambiente do mercado de Boundiali. Por esta razão, a Câmara Municipal deveria incentivar os produtores de géneros alimentícios a constituírem uma organização agrícola profissional, distribuir gratuitamente os factores de produção agrícola, atribuir subsídios, manter as estradas e assegurar a limpeza do mercado.

REFERÊNCIAS

ALE Agbachi Georges (2020), Marchés ruraux et dynamique spatiale au nord Bénin : l'exemple du marché de Kassoua- Allah à Ouaké, Annale de l'Université de Moundou, Série A-FLASH Vol 7 (:), 12p.

Anne-Marie COTTEN (1968) Les villes de Côte d'Ivoire. Une méthode d'approche par l'étude des équipements tertiaires. Bulletins de l'Association de Géographes Français 45 (366), pp 223-238

BELLEFLEUR Steve, 2019: Proposition des stratégies de gestion des déchets générés par les marchés Fer, Relais et Jeudi dans la ville des, Universidade Notre-Dame d'Haïti (UNDH), Faculté d'agronomie, Mémoire de licence universitaire, 81p.

Céline Yolande KOFFIE-BIKPO, Akoua Assunta ADAYE (2014), Agriculture commerciale à Abidjan : le cas des cultures maraîchères. In for 2014/4 (N°224), pp 141-149

CHALEARD Jean Louis (1996), Marchés et Vivrier marchand en Afrique occidentale : le cas de la Côte d'Ivoire, Historians and geographers, p111-122

DAKOURI Guissa Desmos Francis, KOULAÏ Armand (2015): Commercialisation des produits vivriers et la dégradation de l'environnement dans les marchés d'Abobo-centre (Abidjan-Côte d'Ivoire), Revue de Géographie Tropicale et d'Environnement, n° 2, pp 66-76.

Djibril KONATE, Lacina FOFANA, Soualiho SOUMAHORO (2021), " Impact socio-économique et environnemental du bitumage d'une voie express : Exemple de l'axe Korhogo-Karakoro ", Journal Africain de Communication Scientifique et Technologique n°100, pp 3121-3134

DUFUMIER. Marc (1999), La prise en compte des risques dans la définition des politiques de développement agricole. In le risque en agriculture, Edition ORSTOM, Paris, pp547-560

Ekou Nuama (2006), Mesure de l'efficacité technique des agricultrices vivrières en Côte-d'Ivoire. Economie Rurale, n°296, pp39-53

Guillaume Hensel FONGANG FOUEPE, Achile BIKOI, Denis Pompidou FOLEFACK, (2019), Análise socioeconómica do sistema de comercialização de plátanos na região oeste dos Camarões, Int.J. Biol. Chem. Sci. 13 (4) : pp2259-2274

HOUNGBO Nounagnon Emile (2015), " Relation campagne et ville : Deux réalités complémentaires et interdépendantes ", In : AGRIDAPE, Relations ville-campagne, Num 31, vol 2, pp.13-14.

Jacqueline PELTRE WURTZ, STECK Benjamin (1991), Les charrues de la Bagoué. Gestion paysanne d'une operation cotonnière en Côte-d'Ivoire. Paris, Éditions de l'ORSTOM, 303 p.

KONAN.K.H., KRA.K.J., GOGOUA.G.E. (2016), "Les défis de l'approvisionnement de la ville de Korhogo en produits vivriers ", Journal des Sciences Sociales N° SPECIAL " Variations subsaharienne ", pp 47-62

KOUADIO D.B. (2004), Les micro-barrages en terre réalisés par les projets de développement de l'élevage en Côte d'Ivoire. Projeto de desenvolvimento da agricultura - fase II BAD-CI, 44 p

Kouadio Konan N.A. (2021), Pratiques Sociales et Déficit d'Hygiène des Aliments au Sein du Grand de Treichville et le Forum des marchés d'Adjamé (Côte d'Ivoire). Revista Científica Europeia, ESJ, 17 (9), pp71-88

Lehou Franck Cyril TAPE BIDI, BELI Didier YAO, Céline Yolande KOFFIE-BIKPO (2018), Le commerce du riz imported into Abidjan (Côte d'Ivoire). EDUCI Revue de Géographie Tropicale et d'Environnement, n°2, p 127-138

Mathieu Juliot Mpabe Bodjongo, Fondo Sikod, (2017), Accès aux marches urbains et variation des revenus des agricultures ruraux du secteur informel au Cameroun. Revista de Economia Regional e Urbana vol (2), pp357-378

MBELLA MBONG Rostant, MAWO Vigenie Yoland (2023), Des marchés ruraux au cœur du développement local : Casos de produtos agrícolas no distrito de Mélong. Revista Espaço Geográfico e Sociedade Marroquina, Número 67, pp 181-204

ONU-Habitat (2012), Côte d'Ivoire: Profil urbain de Boundiali, Programa das Nações Unidas para os Assentamentos Humanos, Número ISBN: (Volume) 978-92-1-132472-3, 30p

Patience MPANZU BALOMBA, Philipe LEBAILLY, Charles KINKELA SAVY (2011), Les conditions de productions et de mise sur le marché des produits vivriers paysans dans la Province du Bas-Congo (R.D.Congo). Les Cahiers de l'Association Tiers-Monde, n° 26, p 1.

Patrice MOUNDZA, Robert Edmond ZIAVOULA, 2006: Les marchés : Lieux de Ravitailment et alternatives à l'inactivité, Brazzaville, une ville à reconstruire, Paris, Karthala, 225-234.

Patricio Mendez del Villar, Jean-Martin Bauer (2013), Le riz en Afrique de l'ouest : dynamiques, politiques et perspectives. Cahiers Agricultures 22 (5), pp 336-344

René Kinimo YABILE (1986), Autosuffisance alimentaire en Côte d'Ivoire: Paradoxe ou Réalité socio-économique. Economie rurale 175, PP.44-49

SCHWARTZ Daniel (1995), L'échantillonnage : du prélèvement à l'analyse. Edição ORSTOM, 209 p.

SILUE Pébanagnanan David (2012), Impact socio-espacial des retenues d'eau dans le Nord de la Côte d'Ivoire : Cas de la région des Savanes. Tese de doutoramento em Geografia, Université Félix Houphouët Boigny d'Abidjan, 319 p

Sophie Pulchérie TAPE (2023), Circuito de comercialização dos produtos vivos no departamento de Ayamé (Sudeste da Costa do Marfim), Universidade de Abomey-Calavi. Journal de Géographie Rurale Appliquée et Développement

Sophie Pulchérie TAPE, Médé Roger DINDJI, Kouakou Valère KOUASSI (2020), Approvisionnement de la ville de Bouaké (Centre de la Côte d'Ivoire) en produits vivriers, Universidade de Lomé. Revue de Géographie du Lardymes N° 25,pp. 95-107.

OMS, 2001: Health markets: a guide to hygienic conditions in food markets, OMS, 46p.

WILHEM Laurence, 1997: Les circuits d'approvisionnement alimentaires des villes et le fonctionnement des marchés (Canais de aprovisionamento alimentar urbano e operações de mercado) em África e Madagáscar. Comunicação, "Alimentação nas cidades" FAO, 60p.

ÍNDICE DE CONTEÚDOS

I want morebooks!

Buy your books fast and straightforward online - at one of world's fastest growing online book stores! Environmentally sound due to Print-on-Demand technologies.

Buy your books online at
www.morebooks.shop

Compre os seus livros mais rápido e diretamente na internet, em uma das livrarias on-line com o maior crescimento no mundo! Produção que protege o meio ambiente através das tecnologias de impressão sob demanda.

Compre os seus livros on-line em
www.morebooks.shop

Printed by Books on Demand GmbH, Norderstedt / Germany